高等职业院校设计学科新形态系列教材

上海高等教育学会设计教育专业委员会"十四五"规划教材

丛书主编 江滨 丛书副主编 程宏

U0158796

居住空间
设计

程宏 编著

中国电力出版社

CHINA ELECTRIC POWER PRESS

内 容 提 要

　　居住空间设计是室内设计（环境设计）专业的重要核心课程。教材编写以岗位技能培养为目标，以项目设计工作流程为脉络，以典型设计任务为载体，以数字化的教学新形态为特色。教材分为三部分，共十章。第一部分简要介绍居住空间室内设计理论；第二部分讲解居住空间设计实践，按照项目设计工作流程，从"任务引入、任务要素、任务实施"三个板块，结合实操，精讲"业务洽谈和现场量房、功能分区设计、装饰材料和构造、工程系统改造设计、软装设计、施工图绘制"的主要知识内容和技能要求；第三部分通过校企合作的实际项目解析，加深和提升对居住空间设计实践的理解和认识。

　　本书每章后附"本章总结、课后作业、思考拓展、课程资源链接"内容，课程资源链接中包括课件、视频、CAD 施工图等资料。适用于高等职业院校和应用型本科院校的专业教材，以及专业设计人员的参考用书。

图书在版编目（CIP）数据

　　居住空间设计 / 程宏编著 . — 北京：中国电力
出版社，2024.1
　　高等职业院校设计学科新形态系列教材
　　ISBN 978-7-5198-8135-1

　　Ⅰ . ①居… Ⅱ . ①程… Ⅲ . ①住宅 —
室内装饰设计 — 高等职业教育 — 教材 Ⅳ . ① TU241

　　中国国家版本馆 CIP 数据核字（2023）第 173014 号

出版发行：中国电力出版社
地　　址：北京市东城区北京站西街 19 号（邮政编码 100005）
网　　址：http://www.cepp.sgcc.com.cn
责任编辑：王　倩（010-63412607）
责任校对：黄　蓓　王海南
书籍设计：王红柳
责任印制：杨晓东

印　　刷：北京瑞禾彩色印刷有限公司
版　　次：2024 年 1 月第一版
印　　次：2024 年 1 月北京第一次印刷
开　　本：787 毫米 ×1092 毫米　16 开本
印　　张：10.75
字　　数：314 千字
定　　价：58.00 元

高等职业院校设计学科新形态系列教材
上海高等教育学会设计教育专业委员会"十四五"规划教材

丛书编委会

序一

　　党的二十大报告对加快实施创新驱动发展战略作出重要部署，强调"坚持面向世界科技前沿、面向经济主战场、面向国家重大需求，面向人民生命健康，加快实现高水平科技自立自强"。

　　高校作为战略科技力量的聚集地、青年科技创新人才的培养地、区域发展的创新源头和动力引擎，面对新形势、新任务、新要求，高校不断加强与企业间的合作交流，持续加大科技融合、交流共享的力度，形成了鲜明的办学特色，在助推产学研协同等方面取得了良好成效。近年来，职业教育教材建设滞后于职业教育前进的步伐，仍存在重理论轻实践的现象。

　　与此同时，设计教育正向智慧教育阶段转型，人工智能、互联网、大数据、虚拟现实（AR）等新兴技术越来越被应用到职业教育中。这些技术为教学提供了更多的工具和资源，使得学习更加多样化和个性化。然而，随之而来的教学模式、教师角色等新挑战会越来越多。如何培养创新能力和适应能力的人才成为职业教育需要考虑的问题，职业教育教材如何体现融媒体、智能化、交互性也成为高校老师研究的范畴。

　　在设计教育的变革中，设计的"边界"是设计界一直在探讨的话题。设计的"边界"在新技术的发展下，变得越来越模糊，重要的不是画地为牢，而是通过对"边界"的描述，寻求设计更多、更大的可能性。打破"边界"感，发展学科交叉对设计教育、教学和教材的发展提出了新的要求。这使具有学科交叉特色的教材呼之欲出，教材变革首当其冲。

基于此，上海高等教育学会设计教育专业委员会组织上海应用类大学和职业类大学教师们，率先进入了新形态教材的编写试验阶段。他们融入校企合作，打破设计边界，呈现数字化教学，力求为"产教融合、科教融汇"的教育发展趋势助力。不管在当下还是未来，希望这套教材都能在新时代设计教育的人才培养中不断探索，并随艺术教育的时代变革，不断调整与完善。

同济大学长聘教授、博士生导师
全国设计专业学位研究生教育指导委员会秘书长
教育部工业设计专业教学指导委员会委员
教育部本科教学评估专家
中国高等教育学会设计教育专业委员会常务理事
上海高等教育学会设计教育专业委员会主任

2023年10月

序
二

　　人工智能、大数据、互联网、元宇宙……当今世界的快速变化给设计教育带来了机会和挑战，以及无限的发展可能性。设计教育正在密切围绕着全球化、信息化不断发展，设计教育将更加开放，学科交叉和专业融合的趋势将更加明显。目前，中国当代设计学科及设计教育体系整体上仍处于自我调整和寻找方向的过程中。就国内外的发展形势而言，应当如何评价设计教育的影响力，设计教育与社会经济发展的总体匹配关系如何，这是设计教育的价值和意义所在。

　　设计教育的内涵建设在任何时候都是设计教育的重要组成部分。基于不断变化的一线城市的设计实践、设计教学，以及教材市场的优化需求，上海高等教育学会设计教育专业委员会组织上海高校的专家策划了这套设计学科教材，并列为"上海高等教育学会设计教育专业委员会'十四五'规划教材"。

　　上海高等院校云集，据相关数据统计，目前上海设有设计类专业的院校达60多所，其中应用技术类院校有40多所。面对设计市场和设计教学的快速发展，设计专业的内涵建设需要不断深入，设计学科的教材编写需要与时俱进，需要用前瞻性的教学视野和设计素材构建教材模型，使专业设计教材更具有创新性、规范性、系统性和全面性。

　　本套教材共30册，后续还将逐步增加，适用于设计领域的主要课程，包括设计基础课程和专业设计课程。专家组针对教材定位、读者对象，策划了专用的结构"四大模块：设计理论、设计实践、项目解析、数字化资源"。这是一种全新的思路、全新的模式；也是由高校领导、企业专业骨干，以及教材编写者共同协商，经专家多次论证、协调审核后确定的。教材内容以满足应用型和职业型院校设计类专业的教学特点为目的，整体结构和内容构架按照四大模块的格式与要求来编写。"四大模块"将理论与实践结合，操作性强，兼顾传统专业知识与新技术、新方法，内容丰富全面，教授方式科学新颖。书中结合经典的教学案例和创新性的教学内容，图片案例来自国内外优秀、经典的设计公司实例和学生课程实践中的优秀作品，所选典型案例均经过悉心筛选，对于丰富教学案例具有示范性意义。

　　本套教材的作者来自上海多所高校设计类专业的骨干教师。上海一线城市众多设计院校师资雄厚，使优选优质教师编写优质教材成为可能。这些教师具有丰富的教学与实践经验，上海国际大都市的背景为他们提供了大量的实践机会和丰富且优质的设计案例。同时，他们的学位背景交叉，遍及理工、设计、相关文科等。从包豪斯到乌尔姆到当下中国，设计学作为交叉学科，使得设计的内涵与外延不断拓展。作者团队的背景交叉更符合设计学科的本质要求，也使教材的内容更能达到设计类教材应该具有的艺术与技术兼具的品质。

　　希望这套教材能够丰富我国应用型高校与职业院校的设计教学教材资源，也希望这套书在数字化建设方面的尝试，为广大师生在教材使用中提供更多价值。教材编写中的新尝试可能存在不足，期待同行的批评和帮助，也期待在实践的检验中，不断优化与完善。

丛书主编

2023年10月

前言

　　有人说居住空间是"生活的容器"，那是因为居住空间不仅是人们的栖息之所、成长之地，也凝聚着家人之间的亲情血脉，收纳着平凡生活的日常点滴。

　　居住空间设计其实是对优化人们日常居家生活方式的一次全面思考和规划，归根到底取决于用户的成员构成关系及其功能诉求，以及居住空间所属的建筑类型和构成形式。一般来说，居住空间无论面积大小通常都由起居室、卧室、餐厅、厨房和卫生间等功能区域组成，面积较大的户型则可能另设玄关、次卧、工作室、储藏室等。

　　随着社会的进步，一方面得益于科技发展，各种新材料、新技术和新设备必然会应用于现代居住空间中；另一方面，人们对于居住环境的要求，也随着对更美好、更先进的生活方式的追求而改变。因此，现代居住空间设计理念和设计思潮也同样在不断演进迭代，但有一点始终不变且明确——居住空间设计必然是在尊重"家"的个性体现基础上，提供实现优质生活方式的有效解决方案。这也是学习居住空间设计的根本目的所在。

　　鉴于此，本教材在内容上重视与时代同步的室内设计新思潮、新理念、新工艺、新标准的介绍。在专业技能培养的实践教学部分，设计了两条主线：一是尽可能通过同一个项目（青年单身公寓设计）贯穿于课程教学中的"课堂训练"全过程，使学习脉络更清晰；二是结合课程大作业的任务目标，遵循企业岗位能力要求，突出项目导向、实践导向和技能导向的教学组织形式，做到"现学、现练、现掌握"，对标"会设计、懂施工、能执行"的专业能力要求，使学习目标更明确。

　　教材编写力求：设计理论，精炼概括；设计实践，细化深入；设计解析，专业实用；并将数字化设计的新形态贯穿、体现于全书。教材的适用群体包括高等职业院校和应用本科院校的环境（室内）设计专业学生，以及室内设计行业的从业者。

　　教材编写中得到了"上海赫舍空间设计有限公司"（校企合作单位）及赵刘建总经理的鼎力支持。书中采用了大量该公司近年来完成的优秀设计项目案例，对于保证教材的"专业性、应用性、前沿性"，有着极其重要的帮助。

　　教材的顺利出版，首先感谢中国电力出版社和上海电子信息职业技术学院的大力支持，特别感谢出版社编辑部梁瑶主任和责任编辑王倩老师的专业指导，还有樊灵燕老师、孙娜蒙老师、程楚轩等同学的协助，在此一并表示衷心的感谢。

　　无须讳言，教材相比于日新月异的行业市场，总有滞后的无奈，更何况受限于编者的学识，难免有不足甚至谬误的遗憾，真诚欢迎读者和专家的批评指正，以鞭策我们不断进步。

2023年10月

目录

第三部分
居住空间设计项目
解析

第一部分

居住空间室内
设计理论

第一章 居住空间设计概述

第一节　居住空间设计概念

　　居住空间是指可供人们较长期、相对稳定生活的场所，是满足使用者日常生活作息和个性诠释的功能性综合体。

　　通常情况下，居住空间多是一种以家庭为对象、以居住活动为中心的建筑空间环境，是"家"的个性体现，体现了家庭的组成结构及其成员的生活方式，诸如兴趣爱好、审美修养、生活习惯等（图1-1）。

　　居住空间设计就是对居住空间室内环境的设计，是根据建筑空间形态和居住者的生活方式，运用艺术设计手法，结合物质材料和工艺技术，满足居住要求的创造性活动。它解决的是在一定空间范围内，如何使居住者的生活更方便、更舒适的问题，目的是创造出功能合理、舒适美观、符合居住者生理和心理要求的理想室内环境（图1-2）。

　　从广义角度理解，居住空间是社会文明进步的综合体现，反映了当时社会的潮流文化和科技发展的水平（图1-3）。

原始平面图　　改造后平面图

图1-1　退休两人居住空间，74m²。中国在20世纪70年代开始出现了一批满足基本需求的"X室零厅"的公寓，这样的房子没有厅的概念，所有餐厨、会客功能都集中在一个共享空间中，与起居室的定义不谋而合。业主之前几十年就居住在这样的一个空间当中：两居室，没有厅，已经习惯于将用餐、厨房、会客等功能都集中在一个空间内进行的生活方式。新房子三室一厅，每个建筑空间的功能似乎都很明确（原始平面图），但与他们之前的生活习惯并不吻合。于是，设计师让新房子来适应主人原有的生活习惯，以起居室概念作为起点，放弃了分割空间的传统设计思维，让居家所需的各个功能区共享于一个整体空间，结合使用者（退休夫妇俩）的起居习惯和兴趣爱好，打造了一个功能融合、可变的共享空间（对比原始平面图和设计改造平面图）：①入口玄关区/玄关储物柜；②旋转式鞋柜；③客厅公共活动区；④阳台拓展活动区域；⑤洗衣电器工具柜；⑥多功能组合（幕布收纳地台/展示柜/阳台工具墙）；⑦多功能活动室/次卧；⑧卧室储藏柜（衣帽柜/电视柜/储物飘窗台）；⑨卧室休息区；⑩淋浴区/如厕区；⑪盥洗干区；⑫衣帽/储物间；⑬衣帽收纳整理区；⑭烹饪操作台；⑮厨房区域；⑯多功能操作岛（餐桌/操作台/备餐区）；⑰可延展式岛台（延展区域）；⑱餐厅活动区（可变换客厅活动区延展面积）

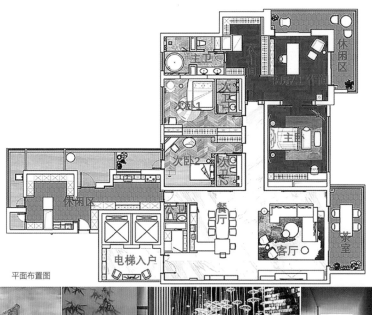

平面布置图

图1-2 上海汤臣一品,三室一厅四卫,235m²。业主是一位酷爱中式元素的"90后"青年夫妇,都是教师,有着健身、品茶、书画、影音等爱好。需要卧室3间(主卧、儿童房、客房);需要单独的衣帽间和书房;假期亲友聚会需要一处12人就餐区域;室内装修后作为夫妻长期居所,常住人口为3人。虽在上海大都市,心却常在幽然径亭间,运用阳台的采光性给予现代庭院的感觉,休闲时喝杯茶看看江景别有一番风味;夫妇俩常有朋友来聚餐,融合现代年轻人的餐饮方式,餐厅的设计够大够开放,创造更多沟通交流的机会;虽然现在仅仅是夫妇两人居住,但提前安排好孩子的房间,不需要后期重新进行房屋的设计

用户夫妇俩的专业都跟中国历史有关,深受传统文化熏陶,认为枯木山水和写意水墨的元素组合能让人感受四季变化的意境,让人内心平静。通过新中式风格的整体设计,以兼收并蓄的手法在严谨的本源与舒张的创意间运筹。在蔚为大观的中国传统艺术中,提炼古建外观上的恢宏和内部细节的精致,注入宋代美学的清简意韵,搭配木制的古雅氛围,构筑大气朗阔且不乏俊逸之美的东方人居空间。在东方风韵的意境营造中,文雅的生活方式于此间蔚然成型。整体空间采光通透,采用禅意中式风格,色调多偏向淡雅和暖色,以植物作为点缀,使人融入山水意境之中

图1-3 岩板是近年来装修中比较火的一种新型板材,是由天然原料经过特殊工艺,借助压机压制,结合先进的生产技术,经过1200℃以上高温烧制而成,能够经得起切割、钻孔、打磨等加工的超大规格新型瓷质材料,岩板特性优越,纹理丰富多样,设计、加工和应用更加多元和广泛

图1-3

第二节　居住空间的发展演变

从地球出现文明活动迹象至今，人类的居住空间从简陋的洞窟发展为装备了电气化和信息智能化设备的现代居所，反映了文明演进过程的不断迭代，居住空间也从遮风挡雨进化为追求高品质生活方式的重要载体。

一、原始自觉阶段（原始社会至奴隶社会中期）

在原始社会阶段，人类栖身之所多来自自然或自然的改造体：天然山洞和坑穴，或是借助自然山林搭建的巢穴。这时的居住是一种生存的需要，满足了人们基本的生理和安全需求。

考古发现，在仰韶文化时期，我们的先民就有了对居所的更高追求：用细泥抹墙面或烧烤墙体表面使之陶化，避免潮湿；室内地面、墙面用白灰抹面以增加墙体的强度和韧性；以岩画、彩画、线脚等装饰墙面来美化环境和舒缓心情（图1-4）。

二、初期自发阶段

随着人类社会部落的产生和社会阶层分化的出现，以及养殖业的发展，基本的吃住问题得以解决，逐渐形成了家的概念。古代生产力低下，人们多在屋子里养猪，所以房子里有猪就成了家的标志（图1-5）。

随着生产力和生产技术的提高，以及系统文化思想的出现，人们对居住空间的关注已不仅限于物质的表面，更关注于居住空间的品质、文化象征、氛围格调和精神寄托。这个阶段的居住空间重视工艺的精巧，具欣赏性，满足人们居住和多样化活动的空间功能需求（图1-6）。

三、现当代快速发展阶段

自工业革命以来，世界经济进入快速发展的时期（图1-7），尤其是在科技水平提升和人口急剧增长的推动下，居住空间也随之迎来了多样化

图1-4　仰韶文化晚期（公元前3500—前3000年）坊居的考古现场航拍。这一时期的房屋建筑有小型、中型、大型之分，其用途和功能各不相同。小型房屋分单间和套间两种，无论是单间还是套间都有火塘、成套的生活用具和生产工具，不少房间内还有储藏粮食或其他食物的窖穴，是当时居民的婚姻、家庭、社会组织、社会性质的直接反映

图1-5　甲骨文"家"字。它由两部分构成，上部是表示房屋的宝盖头，下部是一头猪的形象，有房屋有猪才能构成一个家

图1-6　仇英（约1498—1552年）《三友论画图》。人们对居住空间开始强调天人合一、人与自然和谐相处的设计思想，居住空间功能开始细化，强调人际沟通和交流的居家生活模式

图1-4　　　　　图1-5　　　　　图1-6

图1-7　上海和平饭店10楼的沙逊总统套房，曾经是20世纪30年代沙逊本人的私人寓所，宽敞奢华的空间拥有无可匹敌的江景，当时先进的电气设备一应俱全，隔窗可以俯瞰外滩的万国建筑群，领略上海的旧貌与新颜

图1-8　家居智能系统基于物联网技术，它是一个由硬件（智能硬件、安防控制设备、智能家电家具等）、软件系统、云计算平台构成的家居生态圈，实现远程控制设备、设备间互联互通、设备自我学习等功能，通过收集、分析用户行为数据为用户提供个性化的生活服务，使居家生活更加安全、舒适、便捷

图1-9　微水泥是近几年快速兴起的新一代表面装饰材料，主要成分是水泥、水性树脂、改性聚合物、石英等，具有强度高、厚度薄、无缝施工防水性强等特点，耐磨、防潮、环保，在现代极简风格中表现得淋漓尽致，极具个性化

图1-10　92m²的Loft公寓设计。空间层高5.2m，可进行自由分割。空间亮点是设计师用后现代设计手法，创造了一个"悬浮"楼梯，不仅别出心裁，还兼具多种功能：是楼梯，也是景观，还是玄关的组成部分……存在无限的可能性。设计师从居住本质出发，破解和重构生活空间，深入挖掘业主个需求，定制个性化居住空间

模式，进入到电气化时代。这个时期，家是一种诗意的存在，满足了人们对享受生活和个性化的需求。

四、居住空间的发展展望

随着人类的脚步迈入信息化时代，居住空间也拉开了智能化发展的序幕。

1. 智能家居的高新技术应用

一是新材料、新技术、新工艺、新设备的应用；二是家居智能系统将是未来新型居住空间的重要组成（图1-8）。

2. 低碳生活方式

对健康和生活质量的重视会促使人们回归自然，关注生活本身，居住空间中的环境质量，以及人与自然的关系会成为人们关注的焦点。低碳家居是以减少温室气体排放为目标，以低能耗、低污染为基础，注重装修过程中的绿色环保设计、可利用资源的再次回收、装饰产品的环保节能等，从而减少家居生活中的二氧化碳排放量（图1-9）。

3. 人性化与个性化

居住空间的主体是人，以人为本，就要尊重居住者不同的生活方式，以及对审美、兴趣、交际的差异化诉求。创造人性化和个性化的定制空间，是未来居住空间设计必须重点思考的问题（图1-10）。

第三节　居住空间建筑类型

一、按居住者的类别分类

按居住者的类别分为一般住宅、高级住宅、青年公寓、老年公寓、集体宿舍等。

二、按建筑高度分类

按建筑高度分为低层住宅（1~3层）、多层住宅（4~6层）、中高层住宅（7~9层）、高层住宅（10层以上）等。

三、按房型分类

1. 单元式住宅

单元式住宅也叫梯间式住宅，是多层、高层住宅中应用范围最广的一种住宅建筑形式，按单元设置楼梯，住户由楼梯平台进入分户门。

2. 公寓式住宅

公寓式住宅多建于大城市，多数为高层楼房，标准较高，每一层内有若干单户独用的套房，有的附设于旅馆酒店之内，供一些常住客商及其家属短期租用。

3. 花园式住宅

花园式住宅也称别墅，一般是带有花园和车库的独院式平房或二、三层小楼，内部居住功能完备，装修豪华并富有变化。

4. 错层式住宅

错层式住宅是指一套室内地面不处于同一标高的住宅，一般把房内的客厅与其他空间以不等高形式错开，高度不在同一平面上，但房间的层高是相同的。

5. 跃层式住宅

跃层式住宅是指一套占有两个楼层，上下层之间不通过公共楼梯而采用户内独用小楼梯连接的住宅。

6. 复式住宅

复式住宅是受跃层式住宅的设计构思启发，在建造上仍每户占有上下两层，实际是在层高较高的一层楼中增建一个夹层。

四、按户型分类

1. 一居室

一居室属于典型的小户型。特点是在很小的空间里要合理地安排多种功能活动，生活人群一般为单身一族。

2. 两居室

两居室是一种常见的小户型。一般有两室一厅、两室两厅两种户型，方便实用，生活人群一般为新组建家庭。

3. 三居室

三居室是较大户型。主要有三室一厅、三室两厅两种户型，功能要求较全。

4. 多居室

多居室属于典型的大户型，是指卧室数量超过四间（含四间）以上的住宅居室套型。

第四节　居住空间设计风格和流派

一、中式风格

中式风格是以宫廷建筑为代表的中国古典建筑室内装饰设计风格，其特点是气势恢宏、富丽华贵、金碧辉煌、雕梁画栋，造型讲究对称。

新中式风格的特点是对称、简约、朴素、格调雅致、文化内涵丰富，体现了传统文化与时代文化相结合的特点（图1-11）。

二、欧式风格

室内的布置、线形、色调、家具、陈设等方面，吸取传统装饰的"形""神"特征，主要有哥特式、文艺复兴式、巴洛克、洛可可、古典主义等风格。古典风格常给人们以历史延续和地域文脉的感受，它使室内环境突出了民族文化的特征（图1-12）。

三、现代风格

重视功能和空间组织，发挥结构构成本身的形式美，造型简洁，反对多余装饰，崇尚合理的构成工艺，尊重材料的性能，讲究材料自身的质地和色彩的配置效果（图1-13）。

图1-11　新中式风格。一眼望去，空间内处处透露着对东方清雅生活意境的美好追求，将文人情性融入设计，精巧诗意的细节，满室风雅，在空间中铺陈出别有风致的新中式美学内涵

图1-12　现代欧式不只是豪华大气，更多的是惬意和浪漫。通过完美的曲线，精益求精的细节处理，给人舒适感。现代欧式装饰风格最适用于大面积空间，若空间太小，不但无法展现现代欧式装饰风格的气势，反而对生活在其间的人造成一种压迫感

图1-13　现代黑白灰极简舒适的空间，整体保持黑白灰的空间基调，以极简大方的设计手法，布置上简约舒适的软装家具，营造出一种轻松从容的居住氛围，让生活显得惬意自然

图1-14 (a)

图1-14 (b)

图1-15

图1-16

图1-17

1. 高技派

高技派突出当代工业技术成就，崇尚高新技术。主张采用最新的材料来制造出体量轻、用料少，能够快速灵活地装配、拆卸与改造的室内环境（图1-14）。

2. 光亮派

光亮派也称银色派，追求夸张、富于戏剧性变化的室内氛围和艺术效果（图1-15）。

3. 白色派

白色派也叫平淡派。它的室内设计朴实无华，反对装饰，室内各界面以至家具等常以白色为基调，简洁明朗（图1-16）。

4. 新洛可可派

洛可可原为18世纪盛行于欧洲宫廷的一种建筑装饰风格，以精细轻巧和繁复的雕饰为特征。新洛可可秉承了洛可可繁复的装饰特点，但装饰造型的"载体"和加工技术却运用现代新型装饰材料和现代工艺手段，从而具有华丽而略显浪漫、传统中仍不失有时代气息的装饰氛围（图1-17）。

5. 风格派

风格派在色彩及造型方面都具有极为鲜明的特征与个性。建筑与室内常以几何方块为基础，对建筑采用内部空间与外部空间穿插、统一构成为

图1-14 高技派风格

（a）法国著名建筑大师让·努维尔在设计中除了保留原有的建筑元素外，融入了现代、前卫、简练的当代家具，从古代的高贵、神圣，回归到充满活力的现代，这是一种有趣的时空设计对话

（b）现代高技派案例。色彩：黑、白、灰、材质原色；造型：简单、棱角分明；元素：铁艺、裸砖、水泥、皮质、管道、射灯等

图1-15 光亮派在室内设计中喜欢夸耀新型材料及现代加工工艺的精密细致及光亮效果，往往在室内大量采用镜面及平曲面玻璃、不锈钢、磨光的花岗石和大理石等作为装饰面材。在室内环境的照明方面，常使用投射、折射等各类新型光源和灯具，形成光彩照人、绚丽夺目的室内环境

图1-16 从白色派室内设计作品分析，其并不仅仅停留在简化装饰、选用白色等表面处理上，而是具有对现代简约设计思想更为深层的内涵思考

图1-17 新洛可可派客厅布局上突出轴线的对称，恢宏的气势，豪华舒适的居住空间彰显了法式贵族般的高贵典雅

一体的手法，并以屋顶和墙面的凹凸，强烈的色彩对体块进行强调，对室内装饰和家具经常采用几何形体以及红、黄、蓝三原色或以黑、灰、白等色彩相配置（图1-18）。

6. 超现实派

超现实派追求所谓超越现实的艺术效果，不受理性和世俗观念的束缚，在创作手法上自由地使用写实、象征和抽象来表现原始的冲动和自由意象的释放（图1-19）。

7. 解构主义

解构主义是对20世纪前期欧美盛行的结构主义理论思想传统的质疑和批判，其形式的实质是对结构主义的破坏和分解。把原来的形式打碎、叠加、重组，追求与众不同，往往给人意料之外的刺激和感受，设计语言晦涩，片面强调表意性（图1-20）。

8. 装饰艺术

装饰艺术派演变自19世纪末的新艺术运动，不排斥机器时代的技术美感，机械式的、几何的、纯粹装饰的线条也被用来表现时代美感，善于运用多层次的几何线型及图案，重点装饰于建筑内外门窗线脚、檐口及建筑腰线、顶角线等部位（图1-21）。

9. 后现代主义

后现代主义强调建筑及室内装饰应具有历史的延续性，但又不拘泥于传统的逻辑思维方式，探索创新造型手法，讲究人情味，常把古典构件的

图1-18　格里特·里特维尔德于1924年设计建造的"施罗德住宅"是现代建筑史上一座具有标志性意义的建筑，是最早的风格派建筑和室内设计作品。风格派旗手之一的杜伊斯堡认为，建筑应该忠实地表达它们所限定的空间，而不是一件披在许多房间外面的花哨外套，这样的理念在施罗德住宅中被清晰地体现出来

图1-19　超现实派在室内布置中常采用异常的空间组织、曲面或具有流动弧形线型的界面，以及浓重的色彩、变幻莫测的光影、造型奇特的家具与设备，有时还以现代绘画或雕塑来烘托超现实的室内环境气氛，也喜欢用兽皮、树皮等作为室内装饰品

图1-20　解构主义对传统古典的构图规律均采取否定的态度，强调不受历史文化和传统理性的约束，是一种貌似结构成解体、突破传统形式构图、用材粗放的流派

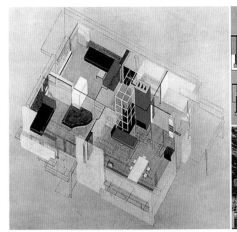
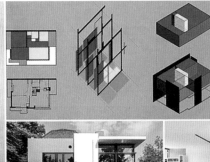

图1-18

图1-19

图1-20

抽象形式以新的手法组合在一起，即采用非传统的混合、叠加、错位、裂变等手法和象征、隐喻等手段，以期创造一种融感性与理性、集传统与现代于一体的建筑室内环境（图1-22）。

四、自然风格

自然风格倡导设计自然空间，美学上推崇"自然美"，力求表现悠闲、舒畅、自然的田园生活情趣，擅长使用天然材料，巧于设置室内绿化，创造自然、简朴、清新淡雅的氛围（图1-23）。

自然风格也称为田园风格，可细分为中式田园、英式田园、美式田园等。

图1-21 装饰艺术派常在现代风格的基础上，在建筑的细部饰装饰以艺术派的图案和纹样，既具时代气息，又有建筑文化内涵

图1-22 后现代主义崇尚简洁而不失韵味，根据客户的需求进行空间、色调、软装整体的设计搭配，用时尚的新生活理念，营造完美舒适的环境，带给人耳目一新的感觉

图1-23 向往大自然，将地中海风格的轻盈、简约和自然与木材和石材的"粗糙"纹理相结合，浮木和"未处理"的家具让人联想起海浪和沙滩

第五节 居住空间设计原则

一、功能性原则

功能性原则就是满足与保障业主的（多样化）居住功能要求，并且是安全、实用、舒适和环保的。需要注意的是，智能家居技术和设备日趋完善和普及，而智能化将是今后居住空间设计功能性要求的一个趋势和重点。

二、可行性原则

可行性原则包括两个方面：一是预算资金的把控，符合业主的实际承受能力；二是装修材料、施工工艺、设备安装在技术层面是可实现的。

三、美学原则

美学原则就是传统的形式美法则在居住空间设计中的体现，是在具体的空间营造与陈设布置时需遵循的，包括：比例与尺度、调和与对比、稳定与变化、节奏与韵律、对称与均衡、重点与辅助、过渡与呼应、比拟与

联想等。一个好的居住空间设计，尤其需要注重时代性和叙事性方面的思考和体现。

四、人体工程学原则

居住空间的人体工程学要求，是以人的心理学、解剖学和生理学为基础，综合多种学科研究人与居住空间环境的各种关系，使得生活器具和生活环境与人体功能相适应。

室内设计需要考虑"人—机—环境"之间的关系，要了解人的生理、心理及行为要求，才能使环境更舒适、家具和设备使用更方便、人和环境的交互更合理（图1-24）。

在居住空间设计中，人体工程学与人的居住行为密切相关。比如人际接触根据不同的接触对象和不同的环境，在距离上可分为密切距离、个体

图1-24 人体工程学在居住空间设计中的思考与应用

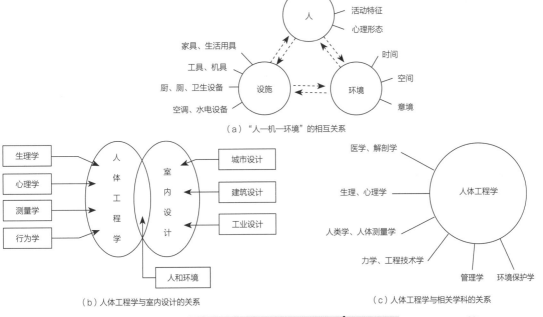

（a）"人—机—环境"的相互关系

（b）人体工程学与室内设计的关系

（c）人体工程学与相关学科的关系

（d）厨房中工作台与吊柜的高度

（e）卧室床的高度，以及单侧下床与墙的最小距离

（f）在居家办公时，从更符合人体坐姿和保障久坐舒适性角度来说，可调节座椅对不同工作姿态起到完美的支撑作用

距离、社会距离和公众距离四大类。每类距离中，根据不同的行为特征再分为近区与远区（表1-1）。

表1-1	人际距离和行为特征	单位：cm
密切距离 0~45	近区0~15，亲密、嗅觉、辐射热有感觉； 远区15~45，可与对方接触握手	
个体距离 45~120	近区45~75，促膝交谈，仍可与对方接触； 远区75~120，清楚地看到细微表情的交谈	
社会距离 120~360	近区120~210，社会交往，同事相处； 远区210~360，交往不密切的社会距离	
公众距离 >360	近区360~750，自然语言的讲课，小型报告会； 远区>750，借助姿势和扩音器的讲演	

五、可持续发展原则

一是随着人们对环境保护和绿色健康意识的增强，在居室装饰设计中合理利用自然资源，积极使用低碳环保材料，营造舒适、健康的生活环境。

二是重视居住空间全生命周期的设计理念，居住空间随使用者的不同生长期（年龄段）可进行适应性的灵活改变，好处是不需要大规模的重新装修和资金投入，省时省力。

本章总结

本章学习的重点是理解居住空间设计的相关概念，掌握居住空间设计的基本原则，了解居住空间的发展历程和建筑类型，以及人体工程学在居住空间设计中的应用，熟悉居住空间设计主要风格和流派，着力于设计审美和艺术鉴赏能力的培养。

课后作业

（1）什么是居住空间设计？
（2）简述居住空间设计原则。
（3）结合自己的生活体验谈谈人体工程学在居住空间设计中的应用和作用。

思考拓展

利用网络资源自主学习，了解中国典型传统民居（如四合院、徽派建筑、窑洞等）的营造特点，思考其建筑形式与功能的关系。

课程资源链接

课件

第二章 居住空间构成

第一节　居住空间功能与分区

一、居住空间的功能

居住空间一般是基于家庭活动的行为模式来构建的，与各居住成员的具体要求密切相关，需根据居住者的生活习惯进行合理地组织和划分，避免相互干扰，因此，首先需要了解居住空间的基本功能组成。

1. 起居交流功能

满足居住者交流、团聚、会客、娱乐等需要，主要场所是起居室（客厅）和餐厅。

2. 烹饪就餐功能

满足居住者日常的食品加工、制作和进餐的需要，主要场所是厨房和餐厅。

3. 睡眠休息功能

满足居住者睡眠和休息的需要，其场所是卧室。根据现代人们的生活习惯，卧室有时也附带工作和娱乐的功能，而起居室和书房也会承接一部分休息功能。

4. 盥洗如厕功能

满足居住者清洁、盥洗、沐浴和如厕的需要，其场所是卫生间。

5. 工作休闲功能

满足居住者家庭办公和娱乐休闲的需要，主要场所是书房和起居室，有时也会将此功能打散分布于其他空间中，如卧室和餐厅。

6. 储藏收纳功能

满足居住者收纳家务的需要，这一功能几乎涉及所有的居住空间（图2-1、图2-2）。

二、居住空间的功能分区

居住空间的功能分区要结合居住者的居住行为特点，使居住者有良好的生活体验。

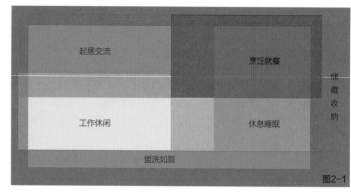

图2-1

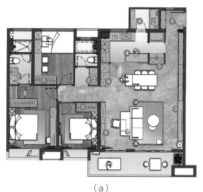

（a）

（a）居住空间的八大收纳体系：1-玄关收纳；2-客厅收纳；3-餐厅收纳；4-厨房收纳；5-卧室收纳；6-书房收纳；7-卫浴收纳；8-家政收纳

图2-2

改造前储藏收纳面积7平方米

改造后上部储藏收纳面积7平方米、下部储藏收纳面积15平方米

（b）

（b）通过巧妙的设计来增加储藏收纳空间，房子无论大小，都得懂得收纳，否则装修得再好，东西堆得乱七八糟，也会变成一地鸡毛

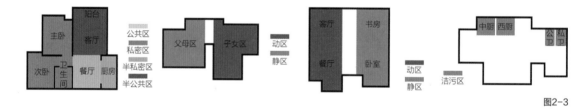

图2-3

1. 公私分区

公私分区是按照空间使用功能私密程度的层次来划分的，也可以称为内外分区。一般来说，居住空间的私密程度随着居住人数和活动范围的增加而减弱，公共程度随之增加。居住的私密性要求在视线、声音、光线等方面有所分隔，且符合居住者的心理和审美需求。

2. 动静分区

动静分区指的是客厅、餐厅、厨房等主要供人活动的场所，与卧室、书房这类静谧场所分开，互不干扰。动静分区细分有昼夜分区、内外分区、父母子女分区（图2-3）。

3. 洁污分区

洁污分区主要体现为烟气、污水及垃圾区域，如干湿分区。

图2-1　居住空间的六大功能，但功能和场所并不是完全一一对应的，它们经常相互交叉重叠，呈现共享和灵活的通用性，图中重叠变色区域就是代表着空间与功能相互交叉的复杂性

图2-2　居住空间的储藏和收纳

图2-3　居住空间的分区示意图。其中的动静分区：从时间上划分，就成为昼夜分区，白天时的起居、餐饮活动集中在一侧，为动区；另一侧为休息区域，为静区，使用时间主要为晚上。从人员上划分，可分为内外分区，客人区域是动区，属于外部空间；主人区域是静区，属于内部空间。按父母子女分区，从某种意义上来讲，父母和孩子的分区也可以算作动静分区，子女为动父母为静（不是绝对的），彼此留有空间，减少相互干扰。

第二节　居住空间的组织和序列

图2-4　居住空间室内环境构成

图2-5　居住空间的构成关系：由门厅（玄关）、起居室（客厅）、卧室、卫生间、厨房和餐厅等家庭日常生活必需的功能空间组成，并且相互之间存在着逻辑构成关系

图2-6　美国A·格罗斯曼住宅平面，以厨房、洗衣房、浴室为核心，作为固定空间，尽端为卧室，通过较长的走廊，加强了私密性，在住宅的另一端，以不到顶的大储藏室隔墙，分隔出学习室、起居室和餐厅

图2-7　莱特设计的文克勒·高次齐住宅，是现代建筑空间设计的范例。它以正方形的模数来布置平面，特点是按规定的方格网作自由分隔，形成开敞的空间，为以后的分隔壁面选用新材料和新结构奠定了基础

一、居住空间形式

室内设计是一项系统工程，居住空间的室内环境是由诸多相关子环境构成的（图2-4），从现代设计"功能决定形式"的角度来说，设计师需要厘清居住空间中各功能空间之间的关系（图2-5）。

居住空间的构成是通过一定形式的界面围合而表现出来的，设计师是根据不同的空间性质和特点来创造空间的形式。

1. 固定空间和可变空间

固定空间常是一种经过深思熟虑、功能明确、位置固定的空间（图2-6）。可变空间（或灵活空间）则与此相反（图2-7）。

2. 静态空间和动态空间

静态空间一般形式比较稳定，常采用对称式和垂直水平界面处理，空间比较封闭，构成比较单一。动态空间（或称为流动空间），往往具有空间的视觉导向性特点，界面组织具有连续性和节奏性，空间构成形式富有变化性和多样性。

3. 开敞空间和封闭空间

开敞空间和封闭空间具有相对性，它取决于空间的使用性质和与周围环境的关系，以及视觉上和心理上的需要。开敞空间灵活性较大，便于经

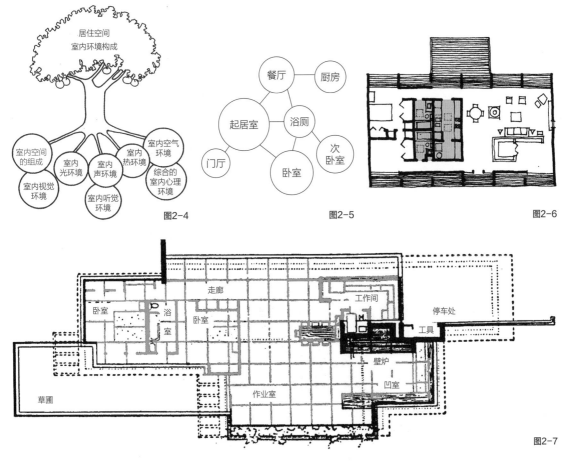

图2-4　　　　　　　　图2-5　　　　　　　　图2-6

图2-7

常改变室内布置；而封闭空间提供了更多的墙面，容易布置家具，但空间变化受到限制，和大小相仿的开敞空间相比要显得小。在心理效果上，开敞空间常表现为开朗的、活跃的；封闭空间常表现为严肃的、安静的或沉闷的，但富于安全感和私密性。

二、居住空间的组织和序列

（一）居住空间的组织

室内空间组织通常有四种结构形式，即线性结构、放射结构、轴心结构和格栅结构。它们是构成所有室内空间组织的基础（图2-8）。

一般来说，居住空间是室内设计中空间关系相对简单的，空间组织主要考虑的是生活的方便、各功能区域的关联性，以及空间利用率的最大化。

在空间组织阶段，合理分隔空间是设计师的主要工作内容，空间的分隔常用以下方式实现。

1. 绝对分隔

绝对分隔出来的空间就是常说的"房间"。这种空间封闭程度高，不受视线和声音的干扰，与其他空间没有直接的联系。卧室、卫生间都是典型的空间绝对分隔形式。

2. 相对分隔

相对分隔的形式比较多，被分隔出来的空间封闭程度较小，或不阻隔视线，或不阻隔声音，或可与其他空间直接联系（图2-9）。

线性结构　　　放射结构　　　　轴心结构　　　　格栅结构　　　图2-8

图2-9

图2-8　空间规划的四种系统：线性结构，空间沿着一条线排列；放射结构，有一个中央核心，各空间围绕中心或从中心向外延伸；轴心结构，包括在重要的空间方位交叉或以其为终端的线性结构；格栅结构，在两组互为轴线的平行线之间建立重复的模块结构

图2-9　通过相对分隔的设计手法，构成了图中近端的简易工作区和远端的客厅

3. 弹性分隔

弹性分隔是指有些空间是用活动隔断（如折叠式、拆装式隔断）分隔的，被分隔的部分，可视需要各自独立，或视需要重新合成大空间，目的是增加空间功能的多样性和灵活性。

4. 象征分隔

多数情况下是采用不同的材料、灯光、色彩和图案来实现。利用这种方法分隔出来的空间其实就是一个虚拟空间，可以为人所感知，但没有实际意义上的隔断作用。

（二）居住空间的序列

空间的序列，是指人在室内环境中活动的先后顺序关系，是设计师按照空间功能和生活习惯给予空间的合理组合，使各个空间之间有着顺序、流线和方向的联系（图2-10）。

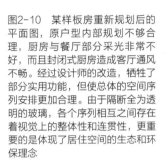

图2-10 某样板房重新规划后的平面图，原户型内部规划不够合理，厨房与餐厅部分采光非常不好，而且封闭式厨房造成客厅通风不畅。经过设计师的改造，牺牲了部分实用功能，但使总体的空间序列安排更加合理。由于隔断全为透明的玻璃，各个序列相互之间存在着视觉上的整体性和连贯性，更重要的是体现了居住空间的生态和环保理念

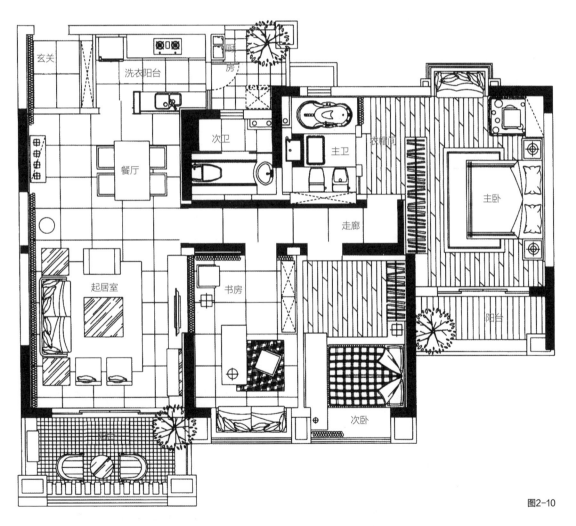

图2-10

本章总结

本章的学习重点是了解居住空间的功能和分区，熟悉居住空间的形式和空间分割方法，理解室内空间的组织和序列概念；难点是空间序列组织的逻辑关系和多样化空间形态的创造能力培养。

课后作业

（1）简述居住空间的基本功能组成。

（2）简述室内空间的主要分割方法和特征。

（3）用网上资料收集方法选择一个案例，模仿图2-10的图注，阐述"空间组织和序列"在居住空间设计中的应用。

思考拓展

对"设计空间就是设计生活"的理解和思考。

🖊 资源链接：
微创——成长型室内空间
日常的诗意

课程资源链接

课件、拓展资料

第三章　居住空间设计阶段划分

第一节　初步设计

初步设计阶段要完成概念方案，是与客户进行洽谈和争取签单的重要准备内容。

一、概念方案

概念方案是设计师对项目的概念性设计，为客户呈现项目的设计创意和部分设计内容，是用于满足客户需求的探寻性工作方案。其本质是应对一种复杂性或不确定性的问题、诠释主体设计思想的载体形式。

概念方案的主要工作内容包括：项目和客户分析、设计定位和创意、必要的平面方案和主要空间效果图展示。在概念方案设计阶段，草图表达是重要和有效的工作方法（图3-1、图3-2）。

图3-1　草图拓展其实也就是设计概念的拓展，大多数的想法或概念可以通过可视化的图形研究来进行。这是某住宅在设计开始阶段的泡泡图构思推进过程，以简图的形式指出了可能的房间布局。泡泡图是平面图设计或家具布置设计的第一步，表示设计师的构想立意。最初的草图展示了各活动区域以及区域间的相互关系，设计师必须逐步研究和定义这些关系，相应的泡泡图可能被多次重画。随着设计的推进，设计师开始分析更多的细节、更精确的比例以及更多的特性，描绘出空间塑造的多种可能性

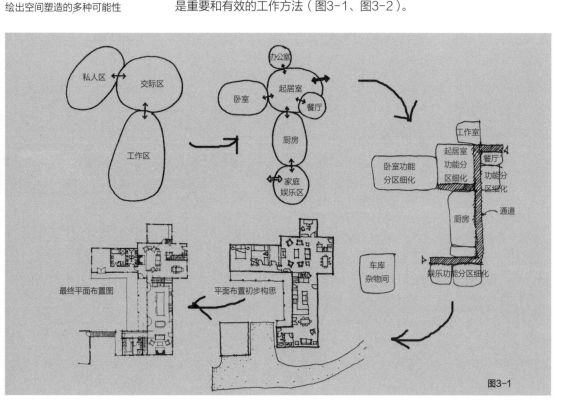

图3-1

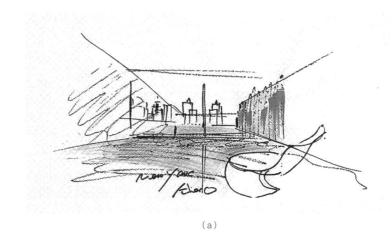

（a）

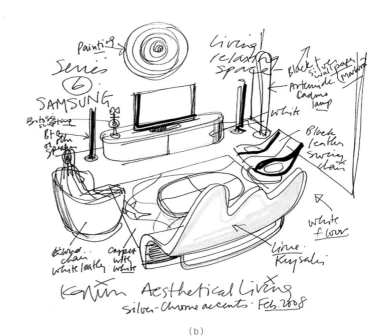

（b）

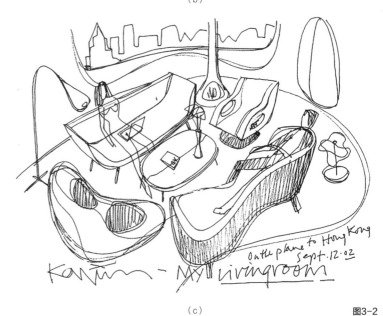

图3-2　设计草图
（a）快速表达的设计草图是设计师与自我及他人进行交流的一种方式，表达了设计师思考和探索的心路历程
（b）（c）设计师凯瑞姆·瑞席（Karim Rashid）的设计构思草图，用形象丰富的可视化表达，让客户体验未来空间的生活艺术之美

（c）

图3-2

不同的项目，概念设计阶段的工作会有少许不一样，有的会呈现较完整的效果图，而有的会把软装方案作为非常重要的一部分，单独制作一套软装方案。

设计定位是概念方案中的重点，包括功能（空间）定位和风格定位，关系到设计主题、灵感和创意、项目预算等后续内容。在居住空间设计中，"功能""风格"和"预算"部分主要取决于客户的喜好和现实情况，设计师的任务主要是优化和执行；而"设计主题"和"灵感与创意"则是以设计师为主导，是设计师为客户提供的创造性服务内容。

二、设计主题

居住空间设计是为人类居住环境进行规划并提出优良方案。舒适与合理的室内环境所体现的文化氛围能与人的情感产生共鸣，是室内设计师创造具有文化内涵的优良生活方式的职业愿景。

设计主题是设计作品中思想和感情追求的体现，也是理想与现实结合的体现。由于主题的涉入，使得空间油然产生了场域效应，人们在这个场域之中体味和遐想生命之美。融入主题之中的地域文化、民俗风情、时尚潮流传递着对生活的感悟与情感，是人与时空的无言对话。饱含文化内涵的"设计主题"，综合体现了现代居住空间设计的价值观念与时空理念，是居住者生活方式和精神追求的外化表现。

1. 主题与空间的塑造

将"主题"融汇于室内空间是主题表达的关键，而空间形态创造也是依据主题的要求，采用与主题相宜的形态和布局，并结合特定的材料、色彩和陈设品来实现的（图3-3）。

2. 主题与功能的融合

室内设计将功能实现作为塑造空间主题的基础，通过与主题契合的家具和软装设计，使居住空间设计的主题性与功能性完美统一（图3-4）。

图3-3 在"有容乃大"的主题驱动下，设计师采用兼容并蓄的"混搭"设计手法塑造空间：新古典主义风格、装饰风格、现代简约风格、新中式风格融入其中依稀可见

图3-4 "运动"主题的儿童房，特色鲜明的软装设计，成就了极限运动小世界

3. 主题与材料的使用

主题表达与装饰材质的选择应用得当，是顺畅而准确地表现居住空间设计主题的重要因素，材质的物化表象（颜色、质感和肌理）均能反映空间的主题内涵（图3-5）。

居住空间的主题或体现空间意境、或强调时代感、或表现历史文脉和本土文化，反映了设计的理念，表达了设计师的灵感和创意，体现了业主的文化修养和精神追求，是业主真实诉求反映于设计师艺术创作的表达形式。空间因为有了主题才有灵魂，有灵魂的设计才有温度，居住在有温度的"家"里是业主和设计师共同追求的目标（图3-6）。

图3-5　木质天花和粗犷石砌墙面，恰如其分地表达了"向往自然"的设计主题

图3-6　居住空间设计方案。
（a）平面图
（b）主题色彩
（c）创意和无趣往往一线之隔，不做生活的模仿秀，给个性生长的空间
（d）概念方案设计主题"终朝采蓝"的文案表达：青春的海边是白色的沙，他的格子衫和她摇曳的裙摆，童话的开场里洋溢着天真无邪，牵手穿过人来人往，说好地久天长。他说，始终钟情那些潮落潮涨，可以流浪到远方，也可以随性隐退到故乡；她说，在我的梦里，两个人的海边，就是幸福的模样

（a）

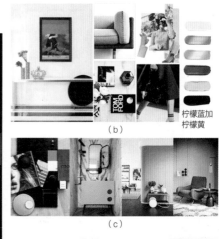

（b）

（c）

（d）

三、设计灵感与创意

1. 灵感

灵感是人们思维过程中认识飞跃的心理现象，是一种新思路的突然闪现，是人们大脑中产生的新想法。灵感多表现为灵活而不可捉摸的意境和虚幻的景象，犹如"水中花""镜中月"，具有瞬时闪现的偶然性。灵感的来源具有多源性，世间的万事万物都可成为灵感的来源，灵感大致分为两类：一是抽象灵感，多源于某种意境或情感的联想和演绎，如诗词、故事等（图3-7）；二是具象灵感，能让人的感官明确感知的实物信息（符号），如仿生设计就得益于具象灵感的启发。具象灵感往往也会成为创作中的主要设计元素。

2. 创意

创意是指对现实存在事物的理解以及认知所衍生出的一种新的抽象思维和行为潜能。在设计实践中，创意是传统的叛逆，是打破常规的哲学，是破旧立新的创造与新生的循环，是思维碰撞和智慧对接，是具有新颖性和创造性的想法，是不同于寻常的解决问题的方法（图3-8）。

设计是一种创造性活动，是一种创意的文化。建筑空间设计的"创意"就是为了创造有意境的空间，创造出能够解析人的精神世界并富于强烈艺术氛围的室内时空环境。"创意"的生成一部分源于灵感，另一部分生成于主题的设定，优秀的设计作品定有一定的主题加持（图3-9）。

图3-7　唐代诗人王维的《山居秋暝》："空山新雨后，天气晚来秋。明月松间照，清泉石上流。竹喧归浣女，莲动下渔舟。随意春芳歇，王孙自可留。"诗的意境触发了设计灵感，创造出如诗如画的空间意境

图3-8　图中红色线框中看到的是家具也是厨房。居住空间设计创意是一种异常复杂的思维活动，作为一名有思想的设计师，如果对设计过程的逻辑思维、形象思维和灵感思维的规律有所了解，并能自觉地运用创意原理和创新思维方法去进行设计实践，那么在设计中就有可能使诸多复杂的自然因素、文化因素、空间因素在概念体系中更好地进行融合，解析出新的意象、新的形式语言、新的结构体系，从而使设计具有独特的内涵，闪现出个性的魅力，创造出独具匠心的作品

第二节　扩初设计

扩初设计就是从概念方案到完成施工图之间的过程，是初步设计的延伸。具体步骤就是在初步设计的基础上进一步收集和分析信息资料，拓展思路，产生更多种实现目标的途径和方法，做出最终的选择，并完成扩初设计的图纸表达。

扩初图的作用，一是对方案的可实施性与设计要点进行补充论证；二是对方案的落地做更细致的准备（图3-10、图3-11）。

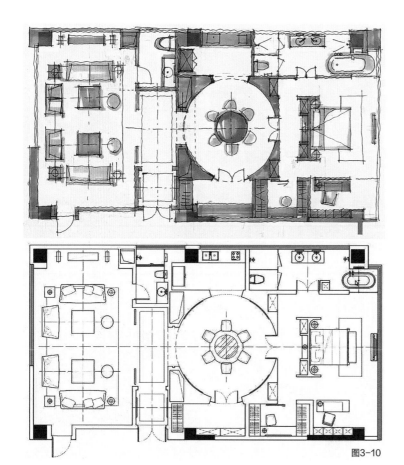

图3-10

图3-9　青花主题居住空间设计。"青花主题"灵感来源于具象的青花瓷，汲取其中的青花图案和色彩作为设计元素，经过对设计元素的加工，凝练出既具传统韵味又符合时代审美的设计语言，让家"如传世的青花瓷自顾自美丽"

图3-10　方案手绘稿转化为CAD平面图

| 1 手稿草图 | 2 CAD图纸 | 3 建模 | 4 效果图 |

图3-11 扩初图设计流程

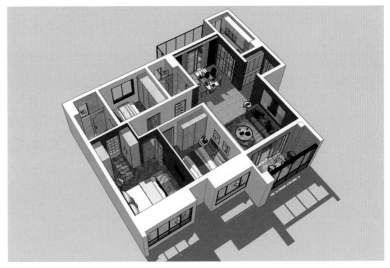

图3-12 室内设计SketchUp（简称SU，又名草图大师）建模

一、扩初设计工作范围

（1）装饰装修设计包括内部功能划分和墙体分隔，地面、墙面、天花装饰装修设计，以及家具、装饰陈设的选定和布置。

（2）水电工程系统设计，包括给排水系统设计、电气系统设计、设备选择和安装设计等。

（3）内装修与原建筑主体结构的弥合，指内部装饰和装修由设计方出具施工图，涉及变更原结构的需由设计单位根据建筑装修施工规范补充设计。

（4）室内装饰件与主体结构的有效连接，需由设计方出具经荷载验算的施工节点详图。

二、扩初设计内容

扩初设计的内容以图纸为主，设计师需要完成三个方面的工作。

（一）方案设计部分

包括平面布置图（原始平面图、改建平面图、平面布置图）、天花布置图、地坪布置图、立面图、剖面图、水电和设备系统改造安装设计图，以及各类构造和节点放大图等。

（二）效果表达部分

通常以设计模型、效果图、三维动态视频等形式呈现（图3-12）。

（三）材料部分

装修中需要的物料，如石材、木地板、地毯、金属、玻璃、陶瓷、油漆、布艺、家具，以及水、风、电设备等内容，提供材料样板和材料表，有详尽的尺寸标注和做法标注，提供精装修技术规范和验收标准（包括部分设备的要求及性能），以及推荐所有物料的品牌供应商（表3-1）。

表3-1　　　　　　　　　　　　室内装饰材料表

编号	名称	颜色	规格（mm）	图片	位置	品牌备注

三、扩初设计要求

（1）符合设计任务书和批准方案所确定的使用性质、规模、设计原则和审批意见，设计深度达到要求。

（2）符合人防、消防、节能、抗震及其他相关的设计规范和设计标准。

（3）总体设计中所列项目无漏项。

（4）空间单体设计中各部分用房分配合理。

（5）结构造型、结构布置合理。

（6）审查扩初设计概算，如超出计划投资，说明原因。

（7）施工图纸齐全、规范（详见"第九章　施工图绘制"）。

第三节　深度设计

深度设计阶段是指在室内装饰施工图（招标图）的基础上，结合建筑、结构、机电等专业设计资料，整合相关专业设计顾问意见所进行的更深层次的施工图设计工作，主要包含资料整合、设计协调、图纸制作等三部分内容。

深度设计可以更全面地综合运用所有与室内设计相关的资料信息，及时发现问题、解决问题，最大程度地弥补在设计前端出现的失误。对于项目最终的完成效果、工期、成本控制，以及相关的审批流程都会有很大帮助。

深度设计阶段的工作流程：

（1）复核方案设计的准确性及完整性。

（2）复核建筑、结构、机电等设计资料，确保设计符合相关法律规范。

（3）整合所有资料，并核实所有和设计有关的产品、设备的信息。

（4）和相关设计单位、专业顾问进行协调沟通。

（5）深化设计图纸的绘制，确保工艺做法的可实施性。

一般情况下，只有体量大、工艺施工复杂的项目，才会进一步开展深度设计，对于大多数居住空间设计（家装）来说，做到扩初设计的施工图阶段就可以了。

本章总结

　　本章学习重点是了解居住空间设计各阶段的工作流程，熟悉居住空间设计各阶段的工作内容和要求，特别要重视对设计任务的执行力和以客户为中心的共情力的培养。难点一是设计中的"主题""灵感"和"创意"问题，二是可视化表达能力的培养。

课后作业

　　（1）概念方案设计的主要工作内容包括哪些？
　　（2）简述扩初设计的工作范围、内容和要求。

思考拓展

　　"主题"在居住空间设计中的应用和思考。

课程资源链接

课件、拓展资料

第二部分

居住空间
设计实践

第四章 业务洽谈和预约量房

第一节　业务洽谈

一、任务引入

室内设计师除了专业技术要好，还得掌握一项很重要的技能——业务洽谈，在面对客户时，设计师需要用专业知识和技巧吸引客户，需要通过业务洽谈了解客户的基本情况和诉求、展现设计理念和自身优势，打动客户并促成签单。

知识目标

（1）熟悉业务洽谈的基本流程和内容。

（2）掌握设计师的签单技巧。

能力目标

（1）信息采集、整理和分析的调研能力。

（2）良好的沟通能力。

二、任务要素

（一）业务洽谈需具备的条件

1. 了解自身优势

清楚公司的优势，提炼公司的亮点。包括公司的发展和规模、公司的行业地位和荣誉、公司对客户利益的保障制度、设计师的成功案例等。

2. 具备专业素养

客户对新"家"都充满期待，都喜欢与众不同，设计师为此提供专业的个性化优质设计，并将行业和市场中的新技术、新工艺和新材料熟练应用，以此吸引和满足客户，同时也能给公司创造更大的利润。

3. 具备人文素养

有良好的人文素养，掌握一定的心理学知识，具备良好的沟通表达能力，言谈举止亲和。同理心很重要，能想客户所想，让客户感受到设计师和客户是互惠互利的利益共同体。

4. 给客户比较准确的定位

通过沟通交流，在了解客户的需求后给客户一个准确的定位，主要是根据客户的关注点和装修预算进行定位，推荐合适的装修风格供客户参考和选择。

可以用效果草图在局部设计上展现一下设计亮点，一定要有一些客户自己想不到的亮点，这样就容易在专业上征服客户，赢得客户的信任和认同（图4-1）。

5. 试探性促成客户签单

设计师在与客户交流的过程就是一个促成签单的过程，设计师谈判能力的强弱决定了这个过程的长短，有些设计师只要在平面草图上勾勒几笔就能让客户签单，有些设计师则把整个平面布局进行了多次修改也签不成单，原因就是设计师没在谈单过程时牢记签单的重要性和目的性，而不断激发客户的兴趣，在客户的兴趣出现时，才是促成签单的最好时机。

（二）洽谈沟通形式

1. 客户没有带户型图纸

当客户没有带平面图时，很多设计师就会对客户产生消极情绪，会认为对方没有诚意。其实，客户没有平面图的时候，才是最考验设计师水平的时候。这种情况下，设计师可以尝试着站在客户的立场上，向客户传达一些概念上的东西，关键是要深入浅出，用通俗的语言，让客户易懂，使双方放松地进行沟通。

（1）可以谈一些对生活方式的理解，也可以谈谈装修材料和装饰风

图4-1　根据客户的要求，用草图快速地简单勾勒出卧室的大致效果和亮点，会取得较好的沟通效果

图4-1

格，引导客户进入对未来新家的遐想，让客户对设计师的设计产生期待。

（2）谈单时准备一些设计效果图，让客户感受到设计师的认真和投入，也可以让设计师团队一起参与洽谈，这样可以相互补充，不会冷场。

2. 客户带了户型图纸

（1）可以直接进入方案的概念设计介绍，用概念吸引客户，建立良好的第一印象。这一步所要做的工作，除了谈概念之外，还要注意在交谈的过程中，把客户的需求记录下来，清楚客户的诉求。

洽谈前准备好纸和马克笔，一边与客户交谈，一边将客户的想法画出来，比如根据客户的想法画一个简单的平面布置图。特别要注意在谈单的时候，如果没有概念和细节，客户一般是不会签单的（图4-2）。

（2）进入深度洽谈阶段，要让客户对设计方案产生兴趣，并产生想知道预算的想法。

这期间可以给客户提交两份设计方案，一份是按照客户要求的想法进行的设计，另一份设计可以更加有突破性。这样的双保险方案不仅可以让客户感到自己的想法得到尊重，而且会对设计师的工作产生认同感。设计师也可以给出一些电脑效果图或手绘效果图，并根据客户要求，配合客户进行现场修改。

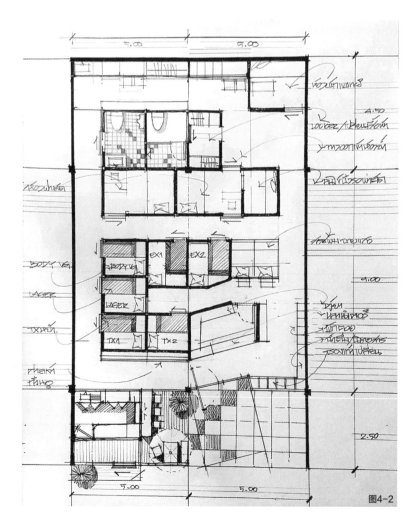

图4-2　手绘平面布置草图。由于手绘草图具有快捷性、可塑性、艺术性三方面的特点，在与客户洽谈时有不可替代的优势，这也是室内设计师必备的基本功之一，设计师可以直接在户型图上快速表现室内布置的初步构思，并将交谈中的要点和想法快速记录下来

（三）促成签单小技巧

很多客户并不是一次洽谈就可以顺利签单的，客户还有可能会去其他公司比较，客户在考虑签单时，不仅是比较公司，也是在比较设计师的能力。

（1）洽谈中少用专业术语，如果使用专业术语，一定要有清楚的解释，更应该用最通俗易懂的语言让客户理解你的设计概念和意图。

（2）洽谈过程中注意细节问题，比如座位安排需便于观察客户的表情，读懂客户的眼神，注意客户的肢体语言。客户在交流过程中身体向后靠、头部往左右侧观看，都可能表示客户对设计师的话不认同，应该转换话题，及时调节气氛。

（3）解释设计方案也是一个比较关键的步骤，几乎所有的服务和销售行业都需要学习如何把握用户心理，设计师也不例外。在同客户讲解装修方案的时候，可以先同客户简单聊聊家常，做个铺垫，建立轻松和信任的谈话氛围，要清楚谈方案的目的是促成签单。

（4）学会倾听，多倾听有时比多介绍更容易打动客户。在交流的过程中，设计师切忌一上来就自己说个不停，要多让客户提出自己的观点，并认真记录下来，这样的举动会让客户产生被尊重的感觉，为之后的后续工作开展留下好的印象。

（5）在第一次交谈中最好不要主动涉及报价，多谈一点装修风格和业主关心的话题，这样会让客户也比较放松，有助于接下来的合作。

（6）当客户要求做概算时，应严格按报价单进行（报价单上没有的项目须经公司技经部门认可）。报价时，应严格按公司统一标准做工程项目报价，如有不清楚的项目应向公司技经部门及时咨询，不得擅自改动规定报价。

（7）不能擅自承诺客户改动暖气、煤气管线，如客户有改动要求，必须符合相关部门的规定和装修操作规范。

三、任务实施

1. 任务布置

业务洽谈角色体验课堂模拟训练。

2. 任务组织

（1）课堂模拟训练以3~5人为一组，分别扮演客户（甲方）和设计师（乙方）角色。

（2）此训练也可分两次完成。①第一次是"无户型图"的业务洽谈角色体验模拟训练；②第二次是在"预约量房"的课程学习之后进行，甲乙双方角色互换，利用"现场量房"获得的户型图，进行"有户型图"的业务洽谈角色体验模拟训练。

3. 任务背景

（1）通过训练体验"业务洽谈"的流程，掌握"业务洽谈"的相关知识和技能。

（2）两次模拟训练建议甲方都以自己家的居住户型为背景，但家庭成员组成和各成员画像（如年龄、职业、学历、兴趣爱好等）可以自行设置，并提出具体的诉求和愿景，使模拟训练更具真实性。

4. 任务准备

客户和设计师都要事先准备好问题，设计师在交流中需快速记录。以下是洽谈双方交流问题的准备和参考（不局限于以下问题）。

客户（甲方）扮演者主要了解乙方的实力、信誉、专业能力、工程质量保证、设计风格和效果等为主：设计费怎么收取？你们公司的装修报价标准？预算有限，但想达到自己的装修效果，能做到吗？想先了解一下施工作业流程可以吗？为什么量房前需要交付定金，定金退不退？你们公司如何保证在施工中使用的是真材实料？卧室是铺实木地板好还是铺复合木地板好？房屋装修的保修期是多久？项目竣工验收的内容你能告诉我吗？您以前都做过哪些项目？

设计师（乙方）扮演者主要了解客户的基本信息和诉求、展现乙方的优势并掌控好洽谈节奏和内容的导向：介绍公司和自己（有些内容可以结合业主的问题回答，更自然），主要了解客户的诉求（痛点）、家庭成员的构成情况、年龄和身体情况、个人的兴趣爱好、装修风格等，注意把控洽谈的方向和节奏。

5. 任务要求

洽谈结束后，对记录的信息进行整理、归纳和分析，这对后期签单和方案设计都极有帮助。

第二节　现场量房

一、任务引入

在现实项目中，虽然有的房子有户型图和基本尺寸数据，但这些数据往往不够具体也不够准确，而且很多旧房改造项目是没有户型图和基础数据的，因此需要通过现场量房来掌握详细、准确的户型和数据；同时，现场量房也是设计师真实了解房子结构和构造的过程。在设计出图时，没有经过现场量房工序的施工图纸是不准确的，会对后期施工留下隐患。

知识目标

（1）了解现场量房的内容和重要性。

（2）熟悉现场量房的基本流程和方法。

能力目标

（1）具备信息采集和良好的沟通能力。

（2）使用测量工具进行现场量房的能力。

二、任务要素

现场量房是指由设计师到客户拟装修的居室进行现场勘测，并进行综合的考察，以便更加科学、合理地进行家装设计。

（一）现场量房的目的

1. 了解房屋详细尺寸数据

量房可以清楚地知道房子的长度、宽度、高度，以及门窗、空调、暖气等在每个房间的位置，量房也对装修报价有直接的影响。

2. 了解房屋格局利弊情况

通过现场量房，设计师会仔细观察房屋的位置、朝向和周围环境的情况，如噪声、空气质量、采光效果等，直接影响房子的装修设计。如果房子原来布局或外部环境不好，就需要通过合理地设计来改善。

3. 了解房屋建筑结构

房屋结构一般是指其建筑的承重结构和围护结构两个部分。房屋在建设之前，根据其建筑的层数、造价、施工等来决定其结构类型。各种结构的房屋其耐久性、抗震性、安全性和空间使用性能是不同的，了解清楚便于墙体的拆建改造设计。

4. 保证房子装修的质量

只有精确量房，才能做出准确的设计，不至于后期施工时，因为尺寸不对而重新进行设计，甚至导致进行项目更改。部分项目如给排水、暖气、煤气位置如未测量或测量不准确，可能导致后期购买的电器和卫浴设备因尺寸不对，无法安装。

5. 便于设计师和客户实地交流

量房时，设计师和客户一般都会到场。如果客户对房屋的设计有想法，包括需要提前订购的材料和设备，在现场测量的时候客户和设计师可以沟通交流。

（二）现场量房流程

1. 准备量房工具

量房时需要准备好卷尺、纸笔、激光测距仪、绘图板、相机等，最好带上房屋的户型图、水电图、管道图等。

2. 绘制房间图纸

如果没有房屋户型图，就需要现场在纸上画出大概的户型平面结构图，要能反映出房屋的结构，方便数据标注。有房屋户型图可直接标注数据（图4-3、图4-4）。

3. 实施测量

量房一般从入户门开始，按顺时针或逆时针方向进行测量，把房屋内所有的房间测量一遍，最后回到入户门。如果是多层的，为了避免漏测，测量的顺序要一层测量完后再测量另一层。

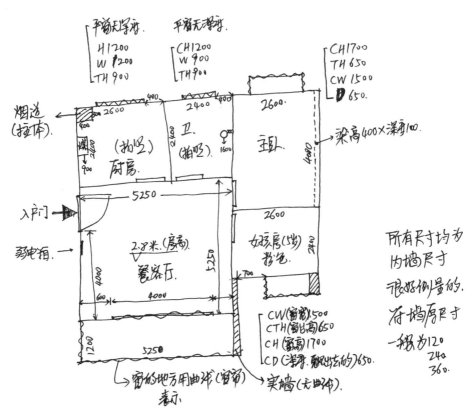

图4-3　无户型图量房测量数据记录

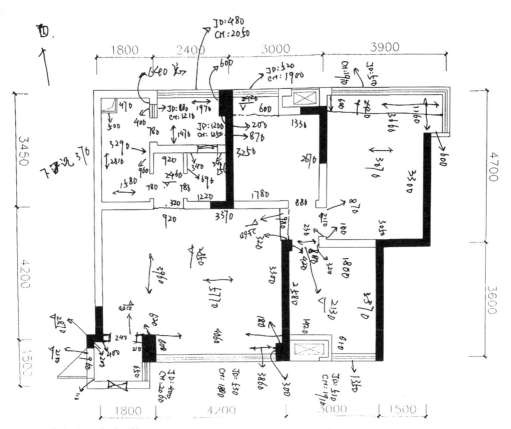

图4-4　有户型图量房测量数据记录

图4-5 完成签单的基本流程

量房是个琐碎的工序，从量房的基本内容看，可以表现为量、看、模（叩击）、照（录像）、问。

4. 拍照留存底档

为了对房屋整体的设计把控，最好在量房的时候进行拍照（或录像）作为留底，有利于后期设计参考和核对。

5. 设计师与客户的现场交流

量房时，设计师和客户可同步进行沟通和交流，对于客户的各种要求，设计师可以根据现场情况来确定客户想法的可行性，并提供设计建议。

在洽谈签单和预约量房中，设计师需和客户始终保持信息的交流，尤其是在签单后，设计师还需与客户进行面对面的深度交谈，这是设计咨询获取信息的有效方法。深度交谈的主要对象是客户及其家人，主要了解他们各自的空间使用需求、生活习惯、兴趣爱好、身体状况等情况，其目的是更好地设计出符合客户要求的居住空间，实现实用和审美、物质和精神的统一（图4-5）。

三、任务实施

1. 任务布置

现场量房训练。

2. 任务组织

对自己家进行现场量房，建议以课后作业形式完成，3~4人一组，外地同学可与本地同学组队完成，老师可进行线上视频指导。

3. 任务背景

（1）通过训练，体验和熟悉"现场量房"的工作流程，掌握现场量房的技能。

（2）如果课程项目是真题，则对真实项目基地进行现场量房。如课程项目是虚拟的，建议对自己家进行现场量房：一则可操作性强；二则最终获得的测量样本数量较多且差异性大。这样有利于同学对不同户型以及房屋建筑的结构和构造的了解。

（3）现场量房要求按无户型图要求进行现场测量。

4. 任务准备

准备好测量工具（详见"任务要素"内容），小组成员做好分工：两人测量，一人记录。

5. 任务要求

手绘户型草图，然后按流程规范完成量房，准确记录测量数据，同时了解房屋和墙体的结构，观察厨房和卫生间的给排水口，并完成测量数据、CAD图纸和照片视频的整理和保存（图4-6）。

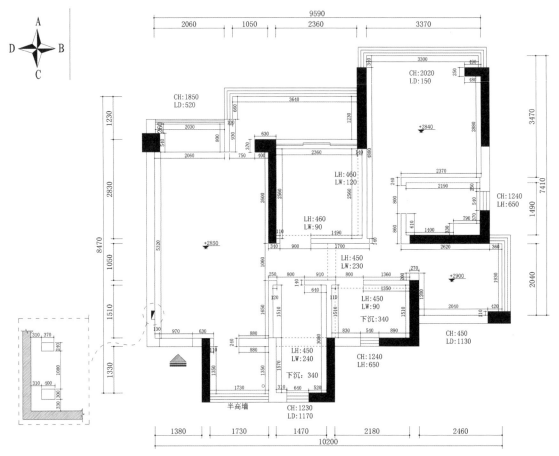

图4-6　现场量房测量数据整理后的户型图

本章总结

　　本章学习的重点是熟悉业务洽谈和现场量房的内容、流程和方法，培养良好的沟通能力、信息收集和分析能力，以及测量工具的使用能力，难点是掌握谈判技巧和现场量房的实训操作。

课后作业

　　（1）通过业务洽谈模拟训练，谈谈设计师综合素质培养的重要性。
　　（2）总结现场量房的实践体会，简述现场量房的重要性。

思考拓展

　　设计师是需要学点心理学知识的。

📎 资源链接：设计师需要同理心

课程资源链接

课件、拓展资料等

第五章　居住空间功能分区设计

第一节　任务引入

　　居住空间功能分区设计的主要任务是：在与客户的深入沟通和现场量房的基础上，对客户的家庭成员结构、生活习惯、功能诉求、兴趣爱好、风格选择、造价预算，以及户型和建筑结构情况等因素的综合分析基础上，对"玄关、起居室（客厅）、厨房和餐厅、卧室、儿童房、书房、卫浴、楼梯"等空间进行功能优化和环境美化设计，并完成相关平面布置图。

知识目标

（1）了解居住空间主要功能区域的构成。

（2）熟悉居住空间各功能区域的环境特点和设计要求。

能力目标

（1）具有符合设计定位的区域划分和组织能力。

（2）具备满足和优化客户生活方式的居住空间功能分区设计能力。

第二节　任务要素

一、玄关设计

　　玄关是进入"家"的第一个空间，能够初步领略整个居住空间的装修风格与设计特点。

　　（1）玄关其实就是有效地指引出入"家"的"门厅"，是室外与室内主要空间的一个过渡；也具有对内部空间的遮蔽作用，维护"家"的私密性，玄关设计应该尽可能让人不能直接看到里面的主空间为佳；在这里可以换鞋、存放雨具、背包等杂物，可进行简单的出门整装准备。

　　（2）玄关的面积可大可小，最小的面积要求是可让主人打开房门，站在那儿不会挡路；空间形态也是因地制宜，尽可能地根据室内空间的建筑形态和功能要求来做安排。玄关可以是一片花格，可以是一个屏风，也可以是一个柜架（图5-1）。

　　（3）玄关的照明可以结合一些有趣的装饰照明，柔和的灯光有助于引导客人进门。玄关地面要耐用，而且便于清洁。

图5-1 此住宅建筑本身并没有专门的玄关，设计师在这里用了一个精美橱柜和格栅分隔出玄关，与内部空间有了一个很好的过渡和呼应，橱柜还起到收纳的作用

图5-2 英国一面积不大的住宅中和工作室合用的起居室，通过索菲尔德工作室定制的家具，展现在我们面前的是一种有节制的新艺术装饰风格的设计

二、起居室设计

（1）起居室（客厅）一般来说是居住空间中面积最大和使用人数最多的多功能空间，是家庭成员团聚、接待客人、交流、阅读、娱乐和从事某些家务的场所，应突出反映设计的风格特点，体现主人的生活方式、兴趣爱好、文化修养和审美品位，往往也是设计序列中的高潮和重点部分。

起居室的环境氛围创造应以使用者的意愿为依据，设计师的作用就是结合现代工艺技术和潮流元素，将使用者的意愿转化为现实（图5-2）。

（2）起居室的空间形态主要是由建筑设计的空间组织、空间形体的结构构件等因素决定的，设计师可以根据功能上的要求通过界面的处理和家具的摆放来进行改变。起居室是一家人在非睡眠状态下的活动中心点，往往也是室内交通流线中与其他空间相联系的枢纽，家具的摆放形式也影响到人在房间内的活动路线（图5-3）。

（3）起居室的装修材料、照明和装饰设计也需与其设计风格和功能相吻合（图5-4～图5-7）。

图5-3 起居室的家具布置和交通流线。(a)这种安排方式保证了交谈的私密性，但沙发挡住了人们，影响走动;(b)这里沙发的布置更合理一些，留出了走动的空间;(c)起居室应该方便人们进出会客区域，这种安排更合适

图5-4 起居室的装饰材料选择:地面可用石材、瓷砖、木材或地毯铺设;墙面可用乳胶漆、拉毛灰、壁纸、饰面板等进行装修，搭配使用一些石材、玻璃、镜面或织物。面积不大的客厅，不使用形象繁杂的装饰图案，不做墙裙;面积较大的客厅中，沙发等可能是离墙布置的，此时用木材或石材等作墙裙，可以用来增加墙面的装饰性并保护墙面

图5-5 新中式家具、写意的中国画、体现中国传统色的靠枕、图案简洁的瓷器……恰到好处的装饰点缀，能更好地烘托新中式风格的大气与禅意。起居室主要家具陈设的选择以符合使用者对起居室的功能要求为前提，完全可以由使用者的爱好、品位来决定

图5-6 居住空间起居室的顶棚很少全做吊顶，否则会减少客厅的高度。多数情况下，都优先采用局部吊顶，或在楼板的底面直接采用一些石膏浮雕等装饰。只有当客厅的净高较高时，才会设计较为复杂的天花和装饰，但需有别于公共空间，不宜太过复杂

图5-7 起居室的照明可以采用多种不同的照明组合。可以在中心部分使用相对华丽的吊灯或吸顶灯，也可将某些灯具安装在壁饰的后面，还可以在阅读功能要求不强的起居室安排装饰灯作为基础照明。开关尽量分组设置，可以在进行不同活动的时候，使用不同的照明，形成不同的氛围。在灯具的选择上，要注意灯具的外形和所使用空间的形态之间的协调关系

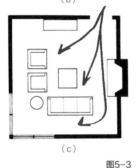
(a)

(b)

(c)

图5-3

图5-4

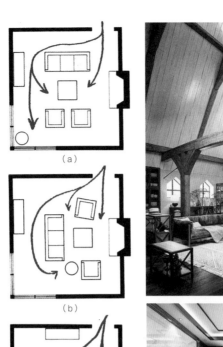

图5-5

图5-6

图5-7

三、厨房和餐厅设计

（一）厨房设计

民以食为天。厨房是住宅的动力车间，是现代居室中电气设备比较集中的地方。

1. 厨房的工作流程分析

传统厨房的主要作用有三个：食物的储藏、食物的清理和准备、食物烹饪。要想这一系列的工作能够顺利方便地进行和完成，就要按照人体工学进行工作流程的分析，比如在食物的清理、准备和烹饪阶段，厨房的工作环境至少涉及洗池、菜案（工作台）和炉灶。设计师在平面布置上应根据厨房的空间形状，首先要决定是采用"一"字形、"L"形、"U"形还是"中央岛形"中的哪一种厨房布置方式，在此基础上再进行具体的工作场所的安排，做到让使用者方便，布局合理（图5-8）。

2. 厨房空间形式的选择

厨房的空间形式一般分为封闭式和开放式两种。封闭式的优点是独立的厨房空间便于清洁，尤其是烹饪时的油烟不影响室内其他空间；开放式的优点是形式活泼生动，有利于空间的节约和共享（图5-9）。

3. 厨房设备的选择

厨房中的设备可以说是居住空间中最多和最集中的，设备的选择至关重要，不仅要保证质量，还要美观实用，为烹饪提供方便和舒适的环境（图5-10）。

4. 装修材料的选择

厨房的地面多数是采用厨房地面砖，要注意防滑、耐碱耐酸，利于清洗。墙壁最好也用墙面砖铺贴。顶棚材料宜选择塑料板、金属板等光面材料。很重要的一点，要尽量保证厨房有良好的采光照明和通风环境（图5-11）。

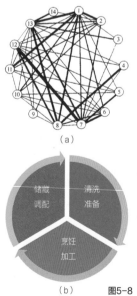

（a）

（b）

图5-8

图5-9

图5-8（a）厨房工作基本操作联系图。1. 炉灶；2. 餐具存放处；3. 毛巾；4. 垃圾桶；5. 餐桌；6. 炊事用具；7. 碗柜；8. 案板；9. 厨具；10. 餐具；11. 杂物柜；12. 冰箱；13. 洗涤池；14. 卫生用具
（b）厨房操作关系示意图

图5-9 厨房空间形式的选择取决于下面三点：1. 建筑结构本身的特点；2. 相邻空间的功能关系和主人的喜好；3. 烹饪方式和饮食习惯，饮食是一种文化，厨房的设计则是这种文化的具体表现，同时也能反映了人们的生活方式

图5-10

图5-11

图5-12

图5-13

图5-10 厨房的主要设备包括各类电器，操作台面和橱柜的好坏更关系到用户使用的方便与否，要结合厨房的格调与特色，选择合适的造型和尺寸，使厨房的各种工具存放得体。比如传统的中式烹饪要选择强力的排烟设备，而出于清洗方便的考虑往往会安排两个或更多的水龙头

图5-11 厨房要选择防污防滑易清洁的装修材料，通风和采光照明设计保证则保证了良好的工作环境

图5-12 "餐厅+厨房"在现代社会中越来越多采用这种看起来时髦，但也是人类最原始的"边煮边吃"的方式，既精简室内空间，又别具一番情趣。这类设计形式多样，可以是工作台的延伸，也可以独立设置小餐桌

图5-13 "餐厅+起居室"这也是目前一般家庭采用最多的方式。其主要原因在于：一是这两个空间区域在家庭功能上有许多相同之处；二是在居住空间不是很大的情况下，这样安排可以节约空间，使视觉更通透，空间的利用率更高。有的在两者之间设有屏风、活动门等

图5-14 "餐厅+客厅+厨房"这更是高节奏都市生活的产物，小型的居住空间、家庭成员的简单化、烹饪设备和餐饮习惯的改变，使得将以前脏乱的厨房得以和居室中最体面的起居室与餐厅合并在同一个空间成为现实

（二）餐厅设计

（1）餐厅是家庭生活中一个重要而活跃的场所。它的功能不仅仅是单一的就餐，也是整个家庭沟通情感、交流信息的重要场所。它的部分功能类似起居室。

（2）餐厅的开放或封闭程度在很大程度上是由居住空间的大小和家庭的生活方式决定的，独立餐厅多见于别墅或大面积的居住空间。从适用性角度考虑，一般居住空间中独立封闭餐厅已不多见。

由于餐厅的安排要尽量地靠近厨房，因此餐厅在功能和形式的组合上有着多种变化（图5-12~图5-14）。

餐厅在于营造一个稳定、温馨和放松的就餐环境，主要家具是餐桌椅和餐具柜，餐具柜的作用大多数情况下是作为装饰或隔断。餐桌上方，最

图5-14

好使用专门的餐桌灯，常用的餐桌灯有吊杆式和升降式，但一定要注意照明的光色。餐厅的色彩和装饰品的选择要尽量是轻松活泼的，地面铺装材料以易清洁为原则。

四、卧室设计

（1）卧室属于私密空间，所以卧室的设计和布置可以尽可能地充分满足使用者的主观意愿，营造温馨的气氛，享受浪漫的私密生活，寻觅甜美的梦境（图5-15）。

（2）床是卧室中最主要的家具，也是卧室的中心。床的摆放位置的选择是卧室设计的第一考虑，其他家具都必须围绕着"床"这一中心来安排（图5-16）。床的位置与卧室的动线有密切的关系，而影响床的位置的最主要的因素是窗的位置，因为光线直接影响到人的睡眠质量。选购床具通

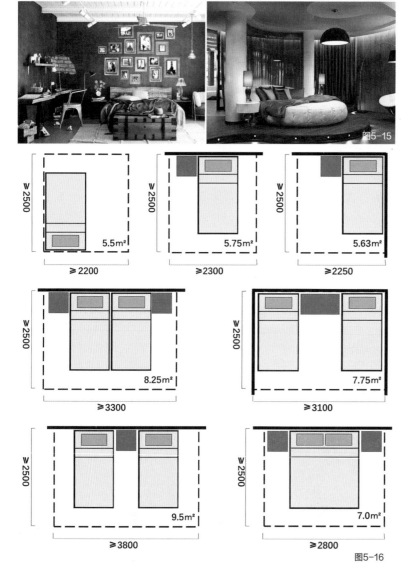

图5-15　在居住空间当中，没有比卧室更具个人色彩的地方了，卧室也是最少向外人展示的空间。因此，卧室的设计应该更具有个性化。风格的选择、空间的处理、家具的搭配、装饰物需尽量符合使用者的兴趣爱好和品位。当使用者置身其中时，才能充分享受私密空间的主宰感

图5-16　不同形式的床所需的动态空间范围

图5-17 卧室除了休息睡眠之外也常常融入一些其他的功能
①着衣区域。对于实用性和秩序性的居家生活极为方便；②简餐区域。安排小型的沙发座椅，作为轻松谈心和简单餐饮的场所；③娱乐区域。简单的电视和音响组合，尤其适宜就寝前在床上观赏使用；④简单工作区域。简便的办公桌椅，方便处理一些重要的和应急的工作；⑤小型健身区域。放置小型健身器，作为灵活的、短时间的健身补充

图5-18 卧室的氛围在很大程度上与软装如窗帘、地毯、床罩的花色和质地有关系，尤其是恰到好处地使用纺织品，能让人觉得更加亲切和生活化。一般情况下，卧室在色彩设计上应该保持柔和、淡雅的格调，通常色彩的明度不宜过高，这会对人的视觉和大脑产生过强的刺激

图5-17

常会和床头柜、化妆台和衣柜等同时考虑。人们大多喜欢款式一致的配套组合，但也可以化整为零，按个人品位来选配，并非一定要配对成套。这可使卧室的气氛更为生动有趣。

（3）卧室在功能上除了睡觉之外，在空间允许的情况下，可以根据需要弹性规划一些不同的功能区域（图5-17）。

（4）主卧室一般都设有专用卫生间，设计上有时会在卫生间与主卧室之间安排一个穿越式的衣帽间。这不仅使卫生间与主卧室之间有了必要的过渡，也符合人们生活起居的习惯。

（5）卧室的装修宜使用木地板和地毯，墙面更宜使用乳胶漆、壁纸和织物，以便形成恬静、温馨的气氛。应少用石材、瓷砖等偏硬冷的材料，它们不但缺乏必要的舒适感，也容易给人以冷漠、生硬的印象。

（6）卧室可以使用檐口照明、台灯或壁灯照明方式，灯光要温馨、柔和，比如可以将色调梦幻的彩灯照明作为基础照明。这对渲染卧室的环境气氛有极好的效果。软装设计同样也对卧室的环境氛围影响极大（图5-18）。

图5-18

五、儿童房设计

（1）条件允许的话，儿童从4~5岁开始就应该拥有一个属于自己的空间，直到长大成人。因此，儿童房实际上是为未来而设计的，一切设备和布置都以可以随着儿童生理和心理上的变化而改变为佳，对儿童房的设计要有较多的预测前瞻考虑。

（2）儿童房一般包括三个功能要求，即睡觉、学习和游戏。主要家具为床、书桌、衣柜和玩具柜。学龄前的儿童房可以使用床、桌、柜、架组合的家具，它功能齐备，且可少占卧室的面积。根据年龄段要尽可能选择趣味性和功能性强的家具，低龄阶段以选择无尖锐棱角的弧线家具为好。

（3）儿童卧室宜采用木地板、塑料地板和局部可活动的地毯等有弹性缓冲和易清洁的铺地材料。在使用地毯时，要选择便于清理和更换的材料，防止地毯成为细菌和脏物的温床。墙面要选用能擦洗的材料，可擦洗壁纸就是一个很好的选择。

（4）儿童卧室的色彩和图案可以设计得鲜艳、活泼，陈设和玩具要符合儿童的兴趣爱好，以利于儿童的身心健康。

（5）装修时要注意选择有安全保护的电器插座，高层建筑要注意窗口的安全设施设计，确保儿童的安全（图5-19）。

六、书房设计

从空间功能的共享和灵活性的角度来考虑，书房往往也是工作室或娱乐室。

（1）书房和工作室的家具选择以实用和个性化为主，而适当的陈列品和装饰物是空间布置的点睛之笔。

（2）墙面处理以简洁明快为宜，也有结合家具做护墙板的，地面则多采用木制地板或局部铺设地毯。

（3）色彩以中性或偏暖为主，采光和照明要求较高。工作室基础照明的照度通常要求比较高，而为满足书写和阅读的需要，会安排更高照度的重点照明；还可以安排落地灯和装饰壁灯，为工作间隙的休息营造轻松的气氛（图5-20）。

其实在现代人的思维中，书房只是一个通称，它实际上可以具备多种功能。在书房中放置多功能沙发椅，平时作为休息坐具，有客人留宿时可以打开作为床使用，变成客房；如果在书房里增加影视和游戏设备，它又可以作为视听室和游戏室使用。

七、卫浴空间设计

（1）卫浴空间在现代居室中就如同现代化厨房一样，是安装专业设施比较多的地方。其功能从传统的如厕、沐浴、盥洗，扩大到美容、休闲、清除疲劳、提高体能的多功能空间（图5-21）。

图5-19 童趣和童真是在儿童房设计时必须要凸显的。孩子在自己的天地里，无论是游乐园里的滑梯，还是双胞胎姐妹的有趣游戏空间，无不为童年留下美好的回忆；无论是男孩还是女孩，有针对性地色彩设计和装饰物的布置，有助于孩子的心理成长，并能营造良好的环境气氛。特别注意的是，儿童房一定要考虑到收纳空间的设计

图5-20 书房和工作室的空间大小是非常灵活的，或大或小的空间都可以通过设计师的精巧设计实现使用者的功能要求。家具的选择除了合乎实用功能之外，文化气息和优雅品质是必须高度重视的。拥有一个充实的书柜，可以体现使用者的修养、品位和受教育程度，其效果也常胜过精美的酒柜和豪华的装潢，而一两件有特色的装饰品的点缀更是设计中的生花妙笔

图5-21 宽敞的建筑空间和富足的生活条件，为设计师的空间设计创造提供了充足的物质基础，一扫传统卫浴空间给人留下的低矮狭小印象。空间宽敞明亮，良好的空气质量保证了使用者长时间在其中的活动，从而赋予了卫浴空间新的功能特征

图5-19

图5-20

图5-21

（2）居住空间的卫浴一般有专用和公用之分。专用卫浴只服务于主卧室或某个卧室；公用卫浴与公共区域相连，由其他家庭成员和客人共用。为方便使用，可将卫生间进行"干湿分离"（图5-22），甚至"三分离"（图5-23）或者"四分离"的设计（图5-24）。这些设计更加符合现代人们

图5-22　常用长方形和正方形小卫生间干湿分离布局

图5-23　卫生间干湿分离改造。三分离即将盥洗区、如厕区、淋浴区完全分开成三个独立空间。这种设计能缓解多人口家庭使用卫生间的压力，卫生间面积大于5m²时，做三分离更合适。卫生间淋浴和马桶做单间，中间隔断不一定要砌实墙，可以酌情考虑其他材料

图5-24　卫生间干湿分离从简单的洗浴与如厕分离，到丰富的"四分法"，分离的程度依赖于卫浴空间面积大小的客观条件

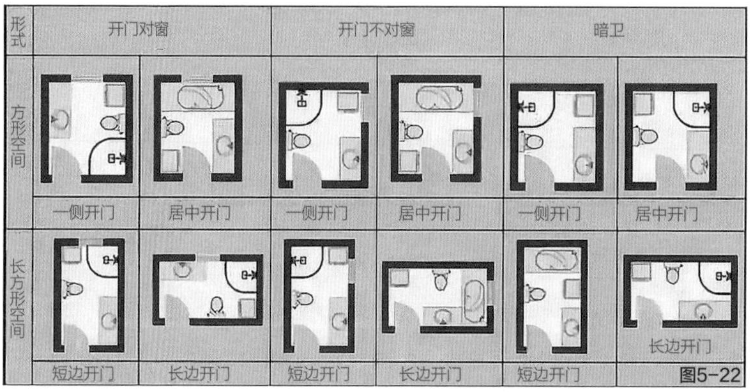

图5-22

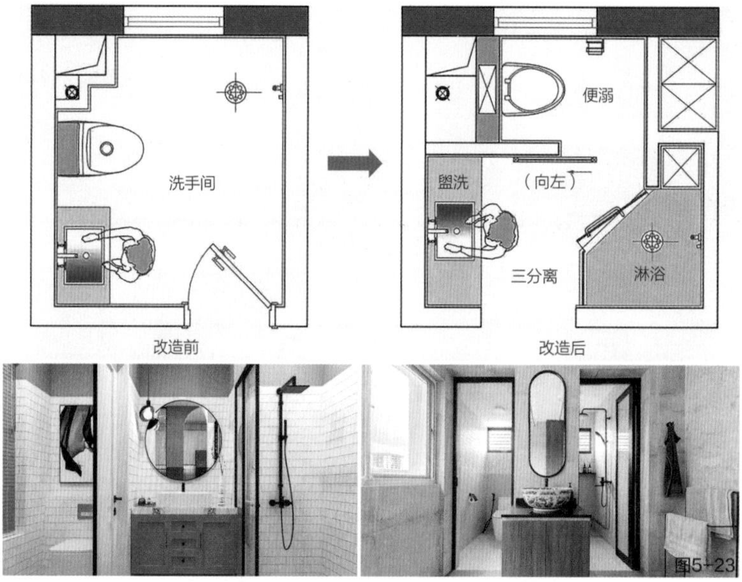

改造前　　　　　　　　　改造后

图5-23

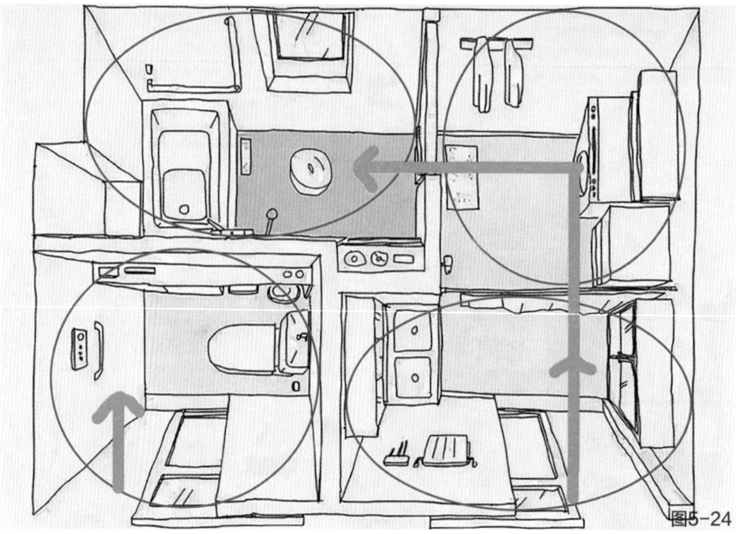

图5-24

图5-25 坐便器有带水箱的和不带水箱的（墙排式设计）。从发展趋势看，居住空间会设计安装多种卫生器具，如在主卧室卫生间中加设妇女净身盆，或在主要卫生间同时设置两个面盆等。坐便器功能也日益先进，如有温水洗净式坐便器、自动供应坐垫纸的坐便器、能够电动升降坐圈的坐便器等。卫生间的面盆有壁挂式、立柱式和台式；浴缸有坐浴缸和躺浴缸。淋浴间可以在现场整体制作，也可以购买成品，其平面尺寸一般不小于900mm×900mm

图5-26 卫生间多用石材、瓷砖、马赛克、镜面和玻璃铺贴。设计时一定要保证卫浴空间的通风性，必要的通风和换气设备是必须的，以保持卫浴空间的干爽。同时，还要装配一些必需的附件，如浴巾的挂件和清洁用具的存放设备。卫生间照明以安全、明亮、舒适为原则

的生活方式，因而也更加受到人们的欢迎。

（3）现代洁具款式新颖，材料多样，除传统的陶瓷洁具外，还使用人造大理石、塑料、玻璃、玻璃钢、不锈钢等材料的洁具。洁具功能日益完善，已由单一功能的设备，发展为自动加温、自动冲洗、热风烘干等多功能的设备（图5-25）。

（4）卫生间的地面和墙面，使用的材料通常以防滑和易于清洁为原则。照明设计主要考虑基础照明和化妆美容的镜前灯（图5-26）。

八、楼梯设计

（1）楼梯是室内设计中一个重要的组成部分，也是联系上下空间的必要途径。在别墅和复式结构的住宅中，对楼梯结构和形式的处理，关系到总体空间的视觉平衡和与之相联系空间的功能发挥（图5-27）。

（2）楼梯的首要功能是连接居室垂直空间，其次是利用楼梯可以有效地划分平面空间。好的楼梯设计可以成为居室中一道亮丽的风景，丰富居室空间的立体层次。此外，楼梯还可以进行一些功能拓展的设计（图5-28）。

（3）楼梯的坡度设计。楼梯梯段中，各级踏板前缘的假定连线称为楼梯的坡度线。坡度线和水平面的夹角为楼梯的坡度。楼梯的坡度就是楼梯立板（踢板）的高度和踏板的宽度之比。室内楼梯的常用坡度在20°~45°之间，最佳坡度为30°左右。一般民用楼梯的宽度中，单人通行的楼梯宽度不小于80cm，双人通行的不小于100cm（表5-1、表5-2）。

表5-1　　　　　　　　　　楼梯坡度和扶手关系表

楼梯的坡度	0°	不大于30°	不大于45°	儿童扶手
扶手的高度（mm）	900~1100	900	850	500~600

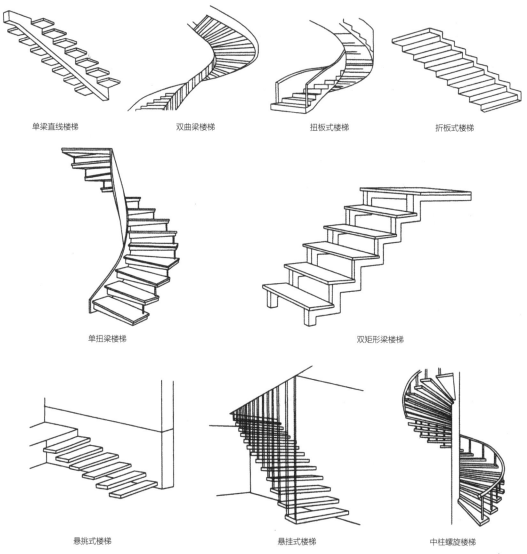

单梁直线楼梯   双曲梁楼梯   扭板式楼梯   折板式楼梯

单扭梁楼梯   双矩形梁楼梯

悬挑式楼梯   悬挂式楼梯   中柱螺旋楼梯

图5-27　常见的楼梯结构形式

图5-28　楼梯是居室中主要的立体空间，呈现了居室立体结构之美——从下而上延伸视觉的高度，由上而下扩展鸟瞰的视野。除了美观问题之外，如何有效地加以利用，正是楼梯设计和处理中最出彩的地方，是设计师运用专业知识和智慧的高度体现

表5-2　　　　　　　　　一般民用楼梯的踏步尺寸　　　　　　　　单位：mm

踏板尺寸	住宅	学校、办公楼	剧院、食堂	幼儿园
踏步高（R）	156～175	140～160	120～150	120～150
踏步宽（T）	250～300	280～340	300～350	250～280

（4）楼梯和平台扶手的设计。一般楼梯的扶手高度为90cm，平台的扶手高度为110cm。为了适合家庭成员的需要，扶手的高度也可作一些改动。栏杆之间的宽度要适当，太宽了不安全，太窄了可能影响美观。为了减轻登高时的劳累感和改变行走方向，楼梯中往往设置平台。如果踏步数超过18级，必须设置平台，住宅建筑平台宽度不小于110cm，公共建筑不小于200cm。一般来说，平台净高不小于200cm，梯段净高不小于220cm。

（5）楼梯要有充足的照明，利用照明和色彩的处理显示台阶的变化，底部和顶部都应设置照明开关；楼梯面的铺设材料一定要防滑；可利用楼梯的壁面安排一些装饰物，如图画、照片、壁灯等，实用与美观相结合，一举多得；楼梯在色彩上还要求尽量取得楼上和楼下的色调综合，完成空间的自然过渡。

第三节　任务实施

一、任务布置

居住空间功能分区设计训练

任务组织

（1）课堂实训："单身公寓设计"之空间功能分区设计，需独立完成。

（2）课后训练：结合课程大作业，完成项目的功能分区设计。

二、任务分析

1. 课堂训练任务分析

"单身公寓设计"空间区域划分设计，户型图如图5-29所示，内部墙体可拆除改造。居住者为单身青年，25岁，男/女可自选，大学毕业，职业为初中体育老师，业余做直播健身教练，喜欢美食和旅游（居住者用户画像也可自拟）。

2. 课后作业任务分析

（1）结合课程大作业，理解并掌握居住空间功能分区设计的知识和技能。

（2）理解客户对"家"的诉求，功能分区设计要符合客户的家庭生活习惯。

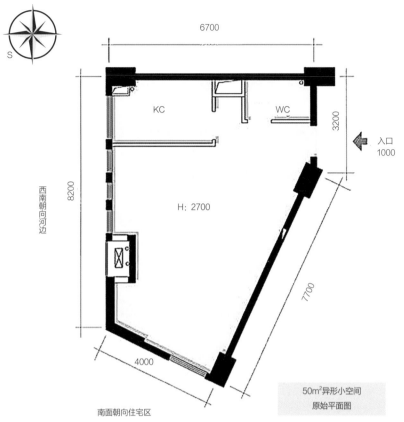

图5-29　课后作业户型图

（3）在满足功能的前提下，优化和完善各功能区域的空间组织关系。

（4）能够结合社会发展趋势（低碳生活、智能家居、老龄化等），进行拓展性的设计思考。

三、任务准备

结合课程大作业，做出明确的设计定位：明确客户诉求、明确设计风格选择、明确项目预算，有准确的户型图和现场量房数据，清楚房屋构造和结构，并完成拆墙和新建墙体的改造设计。

四、任务要求

（1）课堂训练限时（建议30分钟）完成3个以上功能分区设计的构思草图方案，组织同学进行交流和讨论，并择优确定其中一个方案，以备后续课程使用。

（2）课后训练用CAD完成课程大作业中的平面布置图初稿。

本章总结

　　本章学习的重点是熟悉居住空间各功能分区的环境特点和设计要求，具备符合功能定位的空间分区与组织能力。特别是在进行室内环境设施（如家具、电气设备等）的布置设计时，要满足基本的功能要求，更要有优化客户生活方式的综合考虑。

课后作业

　　（1）完成课程大作业的平面布置图初稿（参照"图9-8平面布置图"），此平面布置图随后续设计深入，会有进一步的修改和细化。
　　（2）结合老龄化的社会现象，谈谈对老年人居住空间设计的认识。

思考拓展

　　通常情况下，传统的客厅会占据居住空间很大的面积。有人认为："平时大家都很忙，对于很多家庭来说，客厅在日常生活中几乎都是空置的，而且现在房价极高，在购房和装修时花费大价钱的客厅显得鸡肋，得不偿失。"对于上述观点，请基于对现代生活方式的认识，谈谈你的看法。

课程资源链接

课件

第六章 居住空间装饰材料和构造

第一节 任务引入

居住空间室内界面是由底面（楼、地面）、立面（墙面、隔断）和顶面（平顶、顶棚）构成的，对这些空间围合面进行装饰装修设计，须熟悉常用的装饰装修材料，以及界面构造设计的基础知识、技能和方法。这里既有功能和技术方面的要求，也有造型和美观上的考虑，还需要与建筑室内的设施、设备的安装予以周密的协调，以在最终的方案设计中作出全面和合理的思考和决定。

知识目标

（1）了解居住空间的室内界面构成。

（2）熟悉居住空间主要装饰装修材料及其特点。

（3）熟悉居住空间常见的界面装饰装修构造。

能力目标

（1）具备基本的居住空间界面装饰设计能力。

（2）能对主要装饰装修材料进行具体设计和施工的应用。

第二节 任务要素

一、居住空间室内界面

（一）室内界面的功能要求

（1）底面（楼、地面）需耐磨、防滑、易清洁、防静电等。

（2）侧面（墙面、隔断）按要求能达到较高的隔音、吸声、保暖、隔热等标准，符合遮景、借景等视觉功能。

（3）顶面（平顶、顶棚）需质轻，光反射率符合设计要求（一般情况需要较高的反射率），较高的隔音、吸声、保暖、隔热要求。

（二）界面的线形要求

界面的线形是指界面上的图案、界面边缘、交接处的线脚，以及界面本身的形状。界面上的图案必须从属于室内环境整体的气氛要求；界

图6-1 拱形门洞不仅能起到空间
过渡的作用，还能在开阔的大空间
中，自然地将其分隔成前景后景，
不至于让整个空间过于单调，有了
过渡使空间更有层次感

图6-2 设计师要营造一个富有趣
味性的室内几何世界，充分利用界
面的几何切割手法来营造理想的空
间效果，甚至连家具的造型也与之
呼应

面的边缘、交接、不同材料的连接的造型和构造处理（即所谓"收头"），
是室内装修设计中的难点之一；界面的边缘转角通常以不同断面造型的线
脚处理。

通常界面的线型多以结构构件、承重墙柱等为依托，以结构体系构成
轮廓，形成平面、拱形、折面等不同形状的界面；也可以根据室内使用功
能和对空间形状的需要，脱开结构层另行考虑。例如，别墅中的家庭影院
会根据几何声学的反射要求，做成一些反射的曲面或折面以提高声效。

室内界面由于线型的不同、大小的差异、色彩深浅的搭配，以及各类
不同材质的组合使用，都会给人们视觉上以不同的感受。不同处理手法应
该与设计的内容和相应需要营造的环境氛围、风格造型相协调（图6-1、
图6-2）。

（三）界面的改造要求

由于居住空间自身的特殊性，在装修设计时，顶棚和地面（楼面）的
改造一般只是与管线铺设相关联（详见第七章内容），不会也不允许触及
原建筑结构的改变。在进行室内墙体改造时，要先了解房屋的建筑结构和
墙体类型。

建筑的结构可分为：钢结构、钢混结构、剪力墙（框架）结构、（钢
混）框架结构、砖混结构、砖木结构。

界面根据墙体在平面上所处的位置来分类有两种类型：外墙与内墙；
根据墙体的受力方式来分类也有两种类型：承重墙与非承重墙；根据墙体
的构造方式来分类有三种类型：实体墙、空体墙、组合墙。墙体拆改时要
注意以下要点。

（1）承重墙绝对不能拆。

（2）轻体墙不一定可以拆，有的轻体墙承担着房屋的部分重量，比如
横梁下面的轻体墙就不可以拆，因为它承担着房屋的部分重量，拆了一样
会破坏房屋结构。

（3）嵌在混凝土中的门框不宜拆除。如果拆除或改造，就会破坏建筑
结构，降低安全系数。

（4）阳台边的矮墙不能拆除或改变。一般房间与阳台之间的墙上都有
一门一窗，这些门窗可以拆除，但阳台边矮墙是配重墙，起到挑起阳台的

作用。如果拆除这堵墙，就会使阳台的承重力下降，导致阳台下坠。

（5）房间中的梁柱不能改。梁柱是用来支撑上层楼板的，拆除或改造就会造成上层楼板塌落。

（6）墙体中的钢筋不能动。在埋设管线时，如将钢筋破坏，就会影响到墙体和楼板的承载力，留下安全隐患。

二、室内装饰材料与构造

（一）室内装饰材料

1. 墙体装饰材料

墙体装饰材料常用的有壁纸、涂料、饰面板、墙布、墙面砖、塑料护角线、金属装饰材料等。

（1）壁纸。市场上壁纸以塑料壁纸为主，其最大优点是色彩、图案和质感变化多，远比涂料丰富。选购壁纸时，主要是挑选其图案和色彩，注意在铺贴时色彩图案的组合，做到与整体风格、色彩相统一。

（2）涂料。家装常用的涂料主要分为：①低档水溶性涂料，常见的是106和803涂料。②乳胶漆，调制方便，易于施工，干燥速度快，施工效率高，遮蔽性良好，具有较好的附着力；而且安全无毒无味，保色性、耐气候性好，色彩柔和，漆膜坚硬，表面平整无反光，观感舒适，色彩明快柔和。③多彩喷涂，是以水包油形式分散于水中，一经喷涂可以形成多种颜色花纹，花纹典雅大方，有立体感，耐油性、耐碱性好，可水洗。④膏状内墙涂料（仿瓷涂料），优点是表面细腻，光洁如瓷，且不脱粉、无毒无味、透气性好、价格低廉，但耐温、耐擦洗性差。

（3）饰面板。内墙面饰有各种护墙壁板、木墙裙或罩面板，所用材料有胶合板、塑料板、铝合金板、不锈钢板，以及镀塑板、镀锌板、搪瓷板等。胶合板为内墙饰面板中的主要类型，按其层数可分为三合板、五合板等，按树种可分为水曲柳、榉木、楠木、柚木等。

（4）墙布。常用的有无纺贴墙布和玻璃纤维贴墙布。

（5）墙面砖。墙面砖（简称墙砖）适用于洗手间、厨房、室外阳台的立面装饰，是保护墙面免遭水浸的有效材料，包括釉面砖、玻化砖、马赛克、通体砖等。

（6）塑料护角线。采用高强度的聚氯乙烯原料制造，耐腐蚀、抗冲击、防老化、耐候性好，具有优良的机械、力学性能等。它能有效地解决在施工中长期存在着阳角不直、不美观，墙角易损坏等质量通病。

（7）金属材料。金属装饰装修材料具有较强的光泽及色彩，耐火、耐久，广泛应用于室内外墙面、柱面、门框等部位的装饰。金属装饰材料分为两大类：一是黑色金属，如钢、铁，主要用于骨架扶手、栏杆等载重的部位；二是有色金属，如铝、钢、彩色不锈钢板等合金材料。主要作为饰面板用于表面部位的装饰。常用的有：①不锈钢制品，如五金装饰配件门拉手、合页、门吸、毛巾架等；彩色不锈钢板材，有绚丽多彩的装饰效果，材料颜色可以定制；②铝合金制品，如铝合金门窗料、铝合金通风口、铝合金百叶窗、顶棚吊顶龙骨等，是建筑装饰工程中运用很广泛的材料；③铜合金制品，用于高级装饰工程起点缀修饰作用的部位，有铜艺扶手、栏杆、铜质门拉手、门锁、合页、门阻、洁具龙头、灯具、地板铜嵌条、楼梯踏步止滑条等。

2. 地面装饰材料

（1）实木地板。实木地板是木材经烘干，加工形成的地面装饰材料。它具有花纹自然，脚感好，施工简便，使用安全，装饰效果好的特点。

（2）复合地板。复合地板是以原木为原料，经过粉碎、添加黏合及防腐材料后，加工制作成为地面铺装的型材。

（3）实木复合地板。实木复合地板是实木地板与强化地板之间的新型地材，它具有实木地板的自然纹理、质感与弹性，又具有强化地板的抗变形、易清理等优点。

（4）地砖。地砖是主要铺地材料之一，品种有抛光砖、仿古砖、大理石瓷砖、玻化砖、釉面砖、通体砖、哑光砖、劈开砖等。特点是质地坚实、耐热、耐磨、耐酸、耐碱、不渗水、易清洗、吸水率小、色彩图案多、装饰效果好。

墙砖和地砖不能混用，严格讲墙瓷砖属于陶制品，地砖通常是瓷制品，它们的物理特性不同，两者从选黏土配料到烧制工艺都有很大区别，墙面砖吸水率大概10%左右，比吸水率只有1%的地面砖要高。卫生间和厨房的地面应铺设吸水率低的地面砖，因为地面会经常用水洗刷，这样瓷砖才能不受水汽的影响、不吸纳污渍。墙砖是釉面陶制的，含水率比较高，它的背面一般比较粗糙，这也有利于黏合剂把墙面砖贴上墙。地砖不易在墙上贴牢固，墙砖用在地面会吸水太多而变得不易清洁。

（5）石材。石材分为天然石材和人造石材。

天然石材主要指天然花岗石和天然大理石。天然花岗石是从天然岩体中开采出来，经加工而成的一种板材，具有硬度大，耐压、耐火、耐腐蚀的特点，有黑、白、灰、红等颜色的麻点状图案，自身重量比较大；天然大理石是变质岩，组织细密、坚实，表面光滑、色彩美观、纹理清晰，具有独特的枝条形花纹，但硬度不如花岗石，抗风化能力差，容易断裂，价格昂贵。

人造石材的类型就比较多，人造花岗石、聚酯混凝石、水晶石、真空大理石石材、水磨石等。人造花岗石是以天然花岗石的石渣为骨料制成的板材，抗污力、耐久性比天然花岗石强，价格比天然花岗石便宜；聚酯混凝石，它是以有机不饱和树脂为黏结剂，与沙子、石粉等配料，依靠模具浇注成型，养护而成的，适合生产形状复杂的产品；水晶石，又称微晶玻璃，是一种性能优越而又极富装饰性的新型材料，其装饰效果像玉石一样高贵华丽；真空大理石，实际上是以不饱和树脂为黏合剂，将石材开采中的碎块废料结合在一起，采取抽真空的办法，减少气孔率，固化成大块人造石材，经切割、抛光后成为板材，强度高，极富装饰性。

3. 顶部装饰材料

（1）铝扣板吊顶。铝扣板吊顶材料主要用在卫生间或厨房中，不仅较为美观，还有防火、防潮、防腐、抗静电、吸音、隔音等作用。

（2）石膏板吊顶。石膏吊顶装饰板是我国目前家装中应用最广的一种装饰材料，主要功能有：防潮石膏装饰板特别适用于卫生间、厨房的吊顶装饰；吸声石膏装饰板具有很强的防噪音功能；复合型石膏装饰板具有保温、隔热，又有装饰作用；纸面石膏板用途广泛，装饰作用强，适用于居室、客厅的吊顶。

（3）装饰石膏角线。石膏装饰角线是一种价格低廉的装饰材料。

（4）PVC扣板吊顶。PVC吊顶是以聚氯乙烯为原料，经挤压成型组装成框架再配以玻璃而制成。它具有轻、耐磨、耐老化、隔热隔声性好、保温防潮、防虫蛀又防火等特点。主要适用于厨房、卫生间，缺点是耐高温性能不强。

4. 胶黏剂和材料的连接

在装修中材料之间的连接大多都会使用胶黏剂，胶黏剂是家居装修中不可缺乏的辅助材料。

（1）木制品胶黏剂。如白乳胶、309胶（万能胶）、地板胶、鱼骨胶等。

（2）石材胶黏剂。常用的有大理石胶，主要适用于各种大理石的对接、修补和成品板材的安装。

（3）墙面腻底胶黏剂。在装修墙面腻子的施工过程中，除添加白乳胶外，还必须添加其他纤维较长的胶黏剂，以增加其强度。常用的有107胶熟胶粉。

（4）壁纸胶。专用于墙体粘贴壁纸、壁布等。

（5）其他用途胶黏剂：玻璃胶，适用于装饰工程中造型玻璃的黏结和固定，也具备一定的密封作用；防水密封胶，适用于门窗、阳台窗的防水密封；PVC专用胶，适用于黏结PVC管及管件；电工专用胶，适用于黏结塑料接线管及管件和绝缘密封。

材料的连接除了使用胶黏剂，连接方式也有一定的要求，木材的连接方式有榫接、胶接等方式（图6-3）；玻璃之间的连接一般是胶接，也可利用其他构件相互连接（图6-4）；砖石类的砌体材料通常是用砌筑砂浆进行黏结（图6-5）；钢构件的连接方式较多，有栓接、焊接、铆接、套接、结点球连接等（图6-6）；钢筋混凝土构件的连接一般是进行现场浇注连接，有时也采用节点板连接（图6-7）；钢构件与钢筋混凝土构件的连接也有多种方式，如开脚锚固、钢构件与预埋节点板焊接、膨胀螺栓栓接等（图6-8）。

5. 装饰材料选用注意点

界面装饰材料的选用，除了要适应室内使用空间的功能性质、适合相应建筑部位的装饰要求和巧于用材（经济实用）之外，还需考虑以下几点。

（1）环保要求。室内污染物主要有以下几类：甲醛，苯系物（苯、甲苯、二甲苯），总挥发性有机物（TVOC），游离甲苯二异氰酸酯（TDI），可溶性铅、镉汞、砷等重金属元素。装饰材料须符合室内装修环保国家标准。

（2）耐久性及使用期限。

（3）耐燃及防火性能，现代室内装饰应尽量采用不燃和难燃性材料，避免采用燃烧时释放大量浓烟及有毒气体的材料。

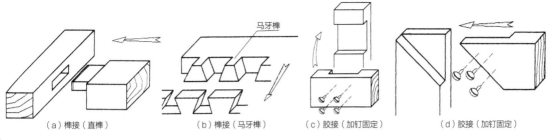

（a）榫接（直榫）　　　　（b）榫接（马牙榫）　　　（c）胶接（加钉固定）　　　（d）胶接（加钉固定）

图6-3　木构件连接图示

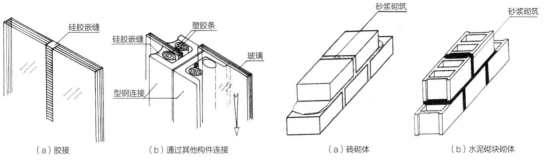

（a）胶接　　　　　　（b）通过其他构件连接　　　　　（a）砖砌体　　　　　（b）水泥砌块砌体

图6-4　玻璃构件连接图示　　　　　　　　　图6-5　砌体材料连接图示

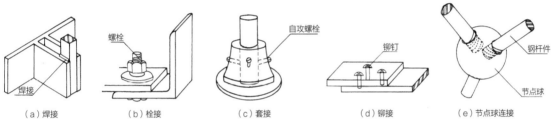

（a）焊接　　　　（b）栓接　　　　（c）套接　　　　（d）铆接　　　（e）节点球连接

图6-6　钢构件连接图示

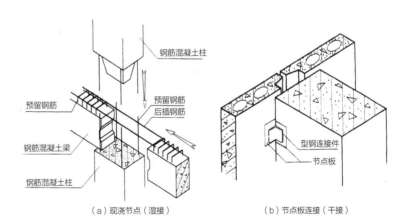

图6-7　钢筋混凝土钢筋连接图示　　　　（a）现浇节点（湿接）　　　（b）节点板连接（干接）

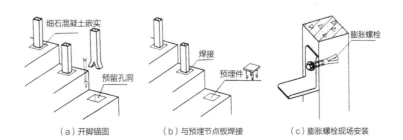

图6-8　钢构件与钢筋混凝土构件的
　　　连接图示　　　　　　（a）开脚锚固　　　　（b）与预埋节点板焊接　　　（c）膨胀螺栓现场安装

（4）易于制作、安装和施工，便于更新。

（5）必要的隔热保暖、隔声吸声性能。

6. 装饰材料的发展趋势

随着科学技术的不断发展和人类生活水平的不断提高，建筑装饰向着环保化、多功能、高强度、轻质化、成品化、安装标准化、控制智能化的方向发展。

（二）室内装饰构造

室内装饰构造是使用建筑装饰材料及其制品对建筑物的内表面进行装饰的构造做法。设计中所绘制的平、立、剖面图一般所反映的是室内空间的组合情况及工程结束后的整体式样，倾向于表达"表象"的内容。但是对于这些实体形式是如何构成的、细部如何处理、是否能够进行实际操作等问题，都必须通过构造设计来解决，装饰构造是将设计方案转化为现实的过程和技术手段。

一般来说，到施工图阶段才进行大量有关构造部分的图纸绘制，但事实上在此之前也需设计师通盘考虑装饰构造问题，许多设计细部的构成方式、尺度掌控、材料选用、施工工艺和方法等诸多构造方面的内容，都会对整体的设计，以及设计方案的可行性起到至关重要的影响。

影响室内装饰构造的因素包括：功能实现的要求、装饰材料使用的要求、施工工艺的要求、设计装修规范的要求。

1. 顶棚装饰构造

（1）顶棚装饰构造的设计原则：①满足基本的功能要求，如保护室内空间原有顶面，并可以遮蔽一些管线设备，起到整洁、延长屋顶及设备使用寿命的作用；②顶棚装饰构造必须保证安全，顶装饰层除了本身的结构构架和面层外，内部还会铺设各类管道，要考虑后期的维护和检修；③满足建筑的物理要求，顶棚装饰可以改善房间顶面的热工、声学、光学等性能；④与设备层的配合，如空调风口、喷淋、灯具等都直接安装在顶棚上，顶棚的设计要充分考虑这些因素；⑤装饰效果，应当符合居住空间的整体设计风格。

（2）顶棚装饰构造的形式。顶棚装饰构造的形式有不同的分类方法，按构造层显露状况可分为开敞式和隐蔽式；按面层与龙骨的关系可分为固定式和活动装配式；按承受荷载大小可分为上人顶棚和不上人顶棚；按施工方法可分为抹灰涂刷类、裱糊类、贴面类、装配式等；按装修饰面与结构基层关系可分为直接式与悬吊式。

强调一点，大多数居住空间室内高度不会很高，顶棚装饰构造一般建议以简洁和实用为主。

（3）顶棚装饰构造方法。除直接式顶棚是将房间上部的屋面或楼面的结构底部直接进行抹灰或裱糊、粘贴处理外，其他顶棚的做法基本都是由悬吊、龙骨和饰面层组成。这几个部分都有各自不同的做法，在不同的环境和条件下，可以对这几部分进行综合考虑，选择比较适宜的构造方法。

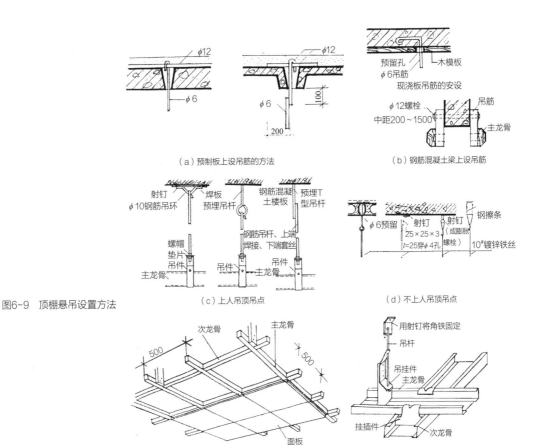

图6-9　顶棚悬吊设置方法

（a）预制板上设吊筋的方法　　　　　　（b）钢筋混凝土梁上设吊筋

（c）上人吊顶吊点　　　　　　　　　（d）不上人吊顶吊点

图6-10　木龙骨和轻钢龙骨

（a）木龙骨　　　　　　　　（b）轻钢龙骨

　　　　悬吊也叫悬索、吊筋，是将顶棚与屋顶进行连接的构件，根据条件的不同有多种方法安装（图6-9）。

　　　　龙骨是连接悬吊与饰面层的关键部分，目前较为常见的是轻钢龙骨，有少数设计使用木龙骨（图6-10）。

　　　　悬吊与龙骨有钉接、挂接、胶接等连接方法。为使面层荷载施加后保证大面平整，一般龙骨安装时中间要起拱，如金属龙骨起拱高度不小于房间短边的1/200。饰面层安装在龙骨上，形式和材料都较多（图6-11）。

2. 楼地面装饰构造

　　　　（1）楼地面装饰构造的设计原则：①楼地面装饰构造要满足一些基本的功能要求：坚固耐久要求、舒适弹性要求、隔音吸声要求、防水防潮要求、热工要求、防静电要求等；②楼地面装饰构造还要具有装饰功能要求，与整体室内空间的布局、风格形成一致（图6-12、图6-13）。

　　　　（2）楼地面装饰构造的形式。楼地面的构造形式一般可分为：整体式地面、块材式地面和木地板地面。其中木地板地面又可分为直铺式、架空式和实铺式等几种。

　　　　（3）楼地面装饰构造方法。整体式地面是由基层、结合层和面层按照由下到上的顺序逐层铺设的。基层承受其上面的全部荷载，结合层位于基层与面层之间，起到传承荷载、固定面层的作用，一般由多个层次构成。整体式的面层是直接在结合层上现浇出地面。块材式地面的层次与整体式极为相似，只是面层是预制的块材材料。

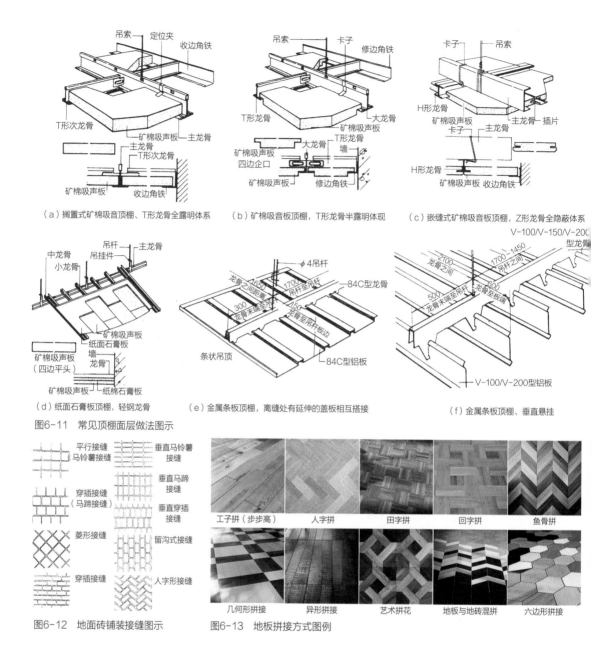

（a）搁置式矿棉吸音顶棚、T形龙骨全露明体系　　（b）矿棉吸音板顶棚，T形龙骨半露明体现　　（c）嵌缝式矿棉吸音板顶棚，Z形龙骨全隐蔽体系

（d）纸面石膏板顶棚，轻钢龙骨　　（e）金属条板顶棚，离缝处有延伸的盖板相互搭接　　（f）金属条板顶棚、垂直悬挂

图6-11　常见顶棚面层做法图示

图6-12　地面砖铺装接缝图示　　图6-13　地板拼接方式图例

　　这里着重介绍地板的铺设构造。目前安装地板的方式主要分为实铺式铺设和架空式铺设两种类型。实铺式比较主流的铺设方式是悬浮式和胶粘式；架控式铺设比较主流的是直接龙骨架空铺设和毛地板架空铺设。

　　1）悬浮铺设法是目前家居空间较流行的铺设方法。标准做法是地板不直接固定在地面上，在平整的地面上铺设地垫，而后在地垫上将带有锁扣、卡槽的地板拼接成一体的铺设方法（图6-14）。悬浮铺设法适合强化复合地板、实木复合地板等复合型木地板（实木地板最好不要使用这种方式）。优点是铺设过程简单、工期短、污染少，易于维修保养；地板不易起拱，不易发生瓦片状变形、地板离缝或局部损坏等情况，易于修补更换。不足之处是地板容易受潮。

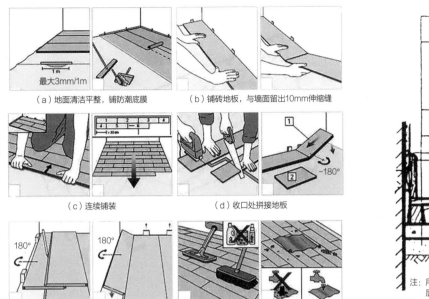

（a）地面清洁平整，铺防潮底膜

（b）铺砖地板，与墙面留出10mm伸缩缝

（c）连续铺装

（d）收口处拼接地板

（e）安装收口处地板

（f）清洁保养地面

图6-14 地板悬浮铺法工艺流程

18～23厚木地板

50×50木龙骨中距
400预埋16"镀锌铁丝绑牢

混凝土基层或楼板

灰土

40厚干炉渣

注：用于地面时，在垫层上抹水泥砂浆找平
层，再加铺卷材或涂料

图6-15 木地板地面铺装图示

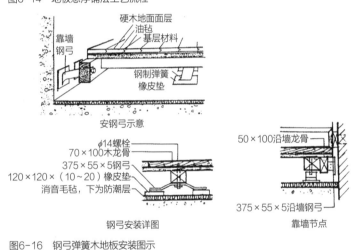

硬木地面面层
油毡
基层材料

靠墙
钢弓

钢制弹簧
橡皮垫

安钢弓示意

ϕ14螺栓
70×100木龙骨
375×55×5钢弓
120×120×（10～20）橡皮垫
消音毛毡，下为防潮层

钢弓安装详图

50×100沿墙龙骨

375×55×5沿墙钢弓

靠墙节点

图6-16 钢弓弹簧木地板安装图示

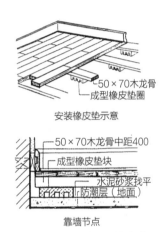

50×70木龙骨
成型橡皮垫圈

安装橡皮垫示意

50×70木龙骨中距400
成型橡皮垫块
水泥砂浆找平
防潮层（地面）

靠墙节点

图6-17 橡皮垫弹簧木地板安装图示

2）胶黏铺设法是最为快捷的安装方式，是将地板直接黏接在地面上。这种安装方法快捷，施工时要求地面十分干燥、干净、平整。一般来说适用于长度在35cm以下的长条形实木、塑胶及软木地板的铺设，小块的柚木地板、拼花地板必须采用直接黏接法铺设。不足之处是工艺要求较高，且对黏接剂的环保等级也有较高要求。

3）龙骨架空法是一种相对比较传统、也是国内使用最为广泛的一种铺设方式。龙骨架空法是用木方作为骨架材料来隔开地板与地面的距离，既起到调平的作用，又起到防潮的作用。凡是实木地板，只要抗弯强度足够，都可以用打龙骨铺设的方法铺装。龙骨的原材料使用最为广泛的是木龙骨，其他的还有塑料龙骨、铝合金龙骨等。适合地板种类有实木地板、实木复合地板、运动地板等，优点是施工方便，结构稳定，能有效防止地板受潮，缺点是木龙骨架空层如未做防潮和防火处理的话，很容易出现质量和安全隐患（图6-15～图6-17）。

4）毛地板架空铺设法是先铺好龙骨，然后在上边铺设毛地板（夹板、大芯板等基层板），将毛地板与龙骨固定，再将地板铺设于毛地板之上。这样不仅加强了防潮能力，到了加固稳定的作用，也使得脚感更加舒适、柔软，适合实木地板、实木复合地板、强化复合地板和软木地板等铺装。优点是防潮性好，脚感舒适，缺点是损耗较多的层高，成本也更高。

3. 墙面装饰构造

（1）墙面装饰构造的设计原则：①墙体的保护功能要求，室内墙面通过各种装饰方式，能够提高墙体抵御多种损害的能力，延长了墙体的使用寿命；②通过对墙体进行饰面和构造处理，可以创造良好的环境氛围，改善墙体的热工性能。

（2）墙面装饰构造的形式。对于墙体的装饰构造处理，通常做法有：抹灰、贴面、饰面板、卷材、涂刷等。

（3）墙面装饰构造方法。抹灰类装饰的构造做法其实与整体式楼地面的做法很接近，都是在基层上涂覆结合层，再作面层处理，只是墙面结合层要薄于地面上的结合层。抹灰的面层处理有多种方式，可以通过不同的材料、涂抹手法和工具来实现（图6-18、图6-19）。

图6-18 抹灰层的不同做法图示

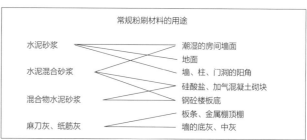

图6-19 常规粉刷材料的用途

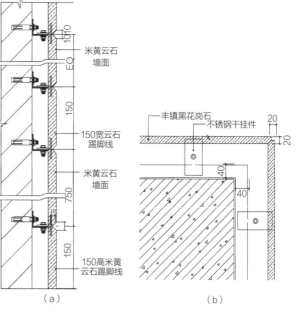

图6-20 石材干挂图例

贴面构造方式中面砖的铺贴方法与块材式地面的构造方式较为相似，仅结合层略薄。但是贴面中的石材饰面做法却不太一样，由于石材较重，不能直接粘贴在结合层上，一般用"挂"的方式来处理（图6-20~图6-22）。

　　　饰面板构造方式是在基层找平后，铺设龙骨，也叫墙筋，再在上面铺设面层。根据面层材料不同，可以分为木板、软包、玻璃、金属等类别（图6-23~图6-26）。

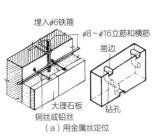

（a）用金属丝定位

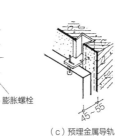

（b）用卡具及螺栓定位

（c）预埋金属导轨　（d）板缝间可用蚂蝗钉固定

图6-21　石材挂装图示

图6-22　石材阳角处理图示

图6-23　木墙面分层图示

图6-24　木墙裙做法图示

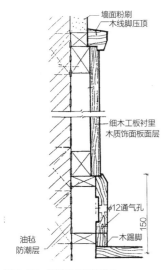

图6-25　踢脚板做法图示

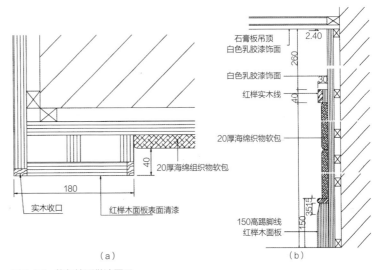

（a）

（b）

图6-26　软包墙面做法图示

第三节　任务实施

一、任务布置

居住空间装饰材料和构造设计训练。

二、任务组织

该训练内容分为课堂实训和课后作业两部分，同学可独立或组队完成。

三、任务分析

1. 课堂实训任务分析

继续第五章课后作业"单身公寓设计"之地面铺装和墙面装饰设计训练，在表中按需要列出地面和墙面的主要装饰装修材料，并组织全班进行交流和讨论。

序号	材料名称	品牌规格	使用场所面积（m²）	单价	数量	总价	备注（颜色、肌理、施工要求等）
1							
2							
3							
4							
5							
6							
…							

2. 课后作业任务分析

（1）了解居住空间室内不同界面的设计要求。

（2）熟悉当前家装建材市场流行的装饰装修材料及其特点。

（3）通过训练具备基本的装饰材料应用和装饰构造设计能力。

（4）训练掌握室内界面装饰装修设计的CAD图纸表达。

一般情况下，居住空间设计对顶棚天花设计尽量追求简洁，不做过多过繁的造型装饰，别墅豪宅除外。

任务准备

在完成建材市场调研之后，对当前主要装饰装修材料的特点和应用有一定的了解，结合课程大作业，在完成"平面布置图"的基础上进行本章的任务训练。

任务要求

（1）能够用CAD图纸表达室内界面装饰装修的材料使用和构造设计。

（2）完成课程大作业中有关界面装饰装修和构造设计的内容。

本章总结

本章学习重点是了解居住空间设计中有关装饰装修材料的应用，熟悉居住空间常见的装饰构造设计和要求。受客观条件的限制，材料和构造施工环节的实践训练有一定困难，借此可鼓励和培养同学的自我学习能力，搜寻网络公共资源进行视频学习。

课后作业

（1）建材市场调研。通过建材市场调研熟悉当前常用的装饰装修材料，并要求每一位同学选择一种具体的材料，收集其特性、规格、用途、效果和价格等方面资料，制作成汇报PPT，进行班级汇报和交流。

（2）完成课程大作业中的地面（铺装）材料示意图（参考图9-10），以及顶面布置图（图9-11）、吊顶尺寸图（参考图9-12）、立面图（参考图9-19）、大样图（参考图9-20）方面的内容。

思考拓展

装饰材料与健康居住环境的思考。

📎 资源链接：天花、墙面、隔断设计补充

课程资源链接

课件、拓展资料

第七章　居住空间工程系统改造设计

第一节　任务引入

　　室内工程系统改造设计是家装中内容最庞杂、关系最复杂、工程量最大、用时最长的重要环节，在实际的项目施工中至少包括水电路、电气设备、油漆、泥工和木工等工程，因为课程学时的限制，无法做到面面俱到。本章从室内设计师岗位的主要工作职责出发，将排水系统改造设计、电路系统改造设计、采暖系统设计和智能家居系统设计作为学习的主要任务内容，了解和掌握室内工程系统改造设计的基础知识和基本技能。这是保证整个设计方案能够落地实施的重要基础。

知识目标

（1）了解居住空间室内工程系统改造设计的工作内容和流程；

（2）熟悉居住空间室内工程系统改造施工相关的设备、材料和工艺；

（3）了解智能家居系统的相关知识。

能力目标

（1）具备居住空间给排水系统、电路系统、地暖系统的改造设计能力；

（2）具备工程系统改造设计图纸绘制并指导施工的能力。

第二节　任务要素

一、给排水系统改造设计

（一）给水系统

1. 水位设计

　　水位设计就是供给水出水点的定位（水位）规划，是在装修施工前，对居住空间内部所有可能用到水的位置进行筛选、定位和统计的工作过程。由于水管铺设以暗装为主，属于隐蔽工程，在装修结束后不易进行二次整改，所以水位设计尤显重要（详见图9-10中水路走向示意图与水点定位图）。

　　居住空间的水位设计主要集中在厨房、卫生间和阳台，有时餐厅也会需要（图7-1）。

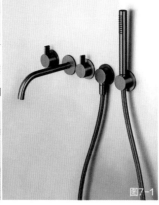
图7-1

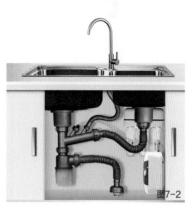
图7-2

图7-1 在厨房水位设计中，主要关注洗涤盘的给排水，根据洗涤盘的安装位置，确定冷热给排水点。如果想在洗涤盘内加装净水器，需要根据净水器的安装使用说明对给排水管道进行再设计。另外，还有一些家电需要提供给排水的，例如热水器、洗碗机等。这些家电的给排水需要在设计阶段完成选购计划，确定摆放位置，结合家电的使用安装说明确定给排水的管道设计。如果水龙头安装在台面，洗涤盘给水点为H=500mm，通过进水软管连接出水点和水龙头；如果水龙头是安装在墙面，水龙头的给水点需要结合水龙头的款式进行设计，一般出水点高于台面50~250mm，排水管直径为75mm

图7-2 排水系统的重要节点主要包括："存水弯"的作用是在其内部形成一定高度的水封，阻止排水系统中的有毒有害气体或虫类进入室内，保证室内的环境卫生；"检查口"一般装于立管，供立管或立管与横支管连接处有异物堵塞时清掏使用，多层或高层建筑的排水立管上每隔一层就应装一个；"清扫口"一般装于横管，尤其是各层横支管连接卫生器具较多时，横管超过一定长度时，横支管起点应设置清扫口；"地漏"通常装在地面需经常清洗或地面有水需排泄的地方，地漏水封高度不能低于50mm。所有洁（器）具排水支管与排水干管之间也必须有水封保护

2. 给水管材

（1）PPR管。PPR管是采用无规共聚聚丙烯为原料的管材，是目前大多数家庭采用的给水管材，最受欢迎。PPR管具有较好的抗冲击性和长期蠕变性能、耐热保温、耐腐蚀、内壁光滑不结垢等优点，缺点是PPR管的接头较多，施工时要注意消除渗水的隐患。

（2）PVC管。PVC管也叫聚氯乙烯管，是一种硬塑料的管材，表面比较光滑，水流阻力小，耐热、耐腐蚀、延展性等各方面都很好，接头用PVC专用胶水黏合，缺点也是因为用胶水来黏合，在耐久性上不是很好。

（3）铝塑管。铝塑管是复合管，具有材质轻、弯曲性好、耐用等优点。但是铝塑管在作为热水管使用时，热胀冷缩会导致管壁错位，有渗漏隐患。

另外还有PE-XC管，是国际公认最环保、最卫生、达到食品级的给水管，没有任何化学剂添加，具有生产工艺先进、产品性能稳定、环境应力开裂性好、使用寿命长且泄漏概率非常小的优点，一般多用于市政工程。

（二）排水系统

居住空间生活排水主要分为厨房排水和卫生间排水，设计和施工中应注意以下问题。

（1）排水系统中要特别关注的几个重要节点：存水弯、检查口、清扫口、地漏（图7-2）。

（2）排水系统在装修施工之前需要考虑5个问题。

①合理选择洁具，确定排水方式；②根据排水管的大小，对排水系统进行合理布局；③管井检查口的设置应合理，便于日后检修；④注意选用的地漏水封高度要满足50mm的要求；⑤提前做闭水和通球试验，地下埋设、吊顶内暗装的污水管、雨水管、冷凝水管等要确保不渗不漏不堵。

（三）给排水系统改造步骤

1. 安装准备

在进行给排水系统改造之前，结合施工图纸对管线位置进行定位。

2. 管路开槽

首先按照施工图纸，在地面和墙面上进行弹线，确定好水管的具体位置和走向，再进行开槽；其次是开槽需横平竖直，墙面平行走线的管路一律控制在60～90cm高（从地面算起），有水龙头的管路必须垂直，深度控制在4cm，并在需要拐弯的地方采用大弯的工艺，应避免90°的弯角；最后需注意热水管与冷水管的间距，如两种管道同槽，冷水管容易在受热后发生变形，影响使用的寿命，同时热水管的保温性能也会受到影响。线槽开好后施工负责人须记好开槽管路尺寸、位置，方便以后洁具安装位置的确定。

管路开槽还需注意在承重墙和承重柱上严禁开槽，因为这样会破坏墙体的承重结构，降低抗震的等级；不能切割墙体内的钢筋部分，因为钢筋为承重结构的重要构件，切断钢筋会影响房屋的安全。

3. 管道安装

（1）给水管安装。在开始安装之前，应按照图纸和实际场地测得的尺寸，进行预制加工。然后进行断管、套丝、上零件、调直、校对，并将管段进行分组编号，做好安装准备。

在主干管安装之前，清理好管膛，承口朝来水方向的顺序排列。找平找直后，将管道固定，管道的拐弯处和始端处需支撑固定。

在支管安装阶段，需要核定不同卫生器具的冷热水预留口高度，位置是否正确，找平找正后去掉临时固定卡，上临时丝堵。支管如装有水表先装上连接管，试压后在交工前拆下连接管，安装水表。卫生器具的冷热水预留口要做在明处，热水支管应安装在冷水支管的上方，支管预留的位置应为左热右冷。水表安装需注意水表外壳应距墙3cm之内，如果表前后直线长度超过30cm，则应煨弯沿墙进行敷设。

（2）排水管安装。室内排水管安装的施工顺序，一般是先做地下管线，然后安装立管和支管，室内排水管道安装的重点为支管安装。

在安装之前，应核对预留孔洞位置和大小尺寸是否正确，将管道坐标、标高位置划线进行定位。首先是对排出管的安装，排出管与室外排水管道常采用管顶平接的方式，其水流转角不应小于90°，如果采用排出管跌水连接且落差大于0.3m，水流转角则不受限制。排水管通常沿卫生间墙角设置，穿过楼板应预留孔洞，立管与墙面距离及楼板预留孔洞的尺寸，应按设计要求或有关规定预留。

最后是支管安装，应先对安装支管的尺寸进行测量记录，按正确的尺寸和安装的难易程度预先准备好，然后将吊卡装在楼板上，并按横管的长度和规范要求的坡度调整好吊卡高度，再开始吊管。在横管与立管、横管与横管连接时，应采用45°三通和四通，或者90°斜三通及斜四通，尽量少采用90°正三通和正四通连接。

4. 管道检查

在给排水管道安装完毕之后，对给排水管道进行充水试验，检查安装质量。应先将所有管道外端及地面上各承接口堵严，放净空气，然后以一层楼高为标准往管内注水，对试验管段进行观察，无渗漏则为合格。

冷热水管连通

水路走顶

图7-3　水路走顶方便检查和维修

5. 二次防水

水路管道安装之后，用水泥沙子混合封好卫生间所有线槽。待线槽和地面干后，再次清洗地面与墙面，墙地面水分干了即可做防水。如果厨卫墙背面有家具须做满墙防水，起到家具防潮作用。地面填渣的，须做好防水后填渣。由于地面之前做的防水在线路改造施工时防水表皮已遭破坏，则必须和墙面再做一次防水，使地面和墙面能够更有效地防水。

（四）给排水系统改造注意事项

（1）首先在水路设计之前要确定与水有关的所有设备，比如净水器、热水器、洁具等，它们的位置、安装方式及要求。要提前确定使用燃气还是电热水器，避免临时更换热水器种类，导致水路重复改造。

（2）水管走顶不走地，因为水管安装在地下，要承受瓷砖和人在上面的压力，有踩裂水管的危险；另外，走顶的好处在于检修方便，同时可以高低错开，减少过桥弯的使用，从而避免人为地降低水压；再有就是走顶对于卫生间的防水是非常有利的，水管走地容易破坏地面的防水引起渗漏（图7-3）。

（3）水路改造时，各冷、热水出水口必须水平，一般左热右冷，管路铺设需横平竖直。注意保证间距15cm（现在大部分电热水器、分水龙头冷热水上水间距都是15cm，也有个别的是10cm）；冷、热水上水管口高度一致。

（4）洗衣机地漏避免采用深水封地漏，洗衣机的排水速度非常快，排水量大，深水封地漏的下水速度根本无法满足，会导致水流倒溢。如果洗衣机位置是确定的，可以考虑把排水管做到墙里面，美观且方便。卫生间除了留给洗手盆、坐便器、洗衣机等出水口外，最好多预留一个出水口，以备设备和功能添加之需。

（5）水路改造后一定要有打压测试，测试时最好有业主在场，能起到监督作用。

二、电路系统改造设计

（一）电路施工图

在装修施工过程中，电路改造通常是必不可少，除了考虑改造后电路使用的方便性和可行性，还要注意避免因改造而引发的安全问题。正规的装修公司都需要绘制详细的电路施工图。电路施工图是后期电路改造的一个依据，施工图的绘制要包含室内电路平面布置图和线路布置图（详见图9-9）。

1. 室内电路平面布置图

室内电路平面布置图要详细地标出每一个插座、每一盏灯、每一个开关的具体的位置，要标识出与相关参照位置的具体详细尺寸。

2. 室内电路线路布置图

室内电路线路布置图中包含了插座的走向布置图和灯的走向布置图。在线路布置图中，一般画出所有电线管的具体的位置、走向和数量；另外，一般还要绘制出每根线管中所穿的具体的电线的规格型号以及数量。根据电路线路布置图可以计算出所需用的电线和电线管的数量。

（二）电路改造施工步骤

1. 开槽

事先规划好电路的走向，和水路一样遵循横平竖直的原则，并将开关插座的底盒预埋在相应的位置。除去一些特殊的开关、插座的位置，一般插座离地30cm左右，开关离地120～150cm左右（图7-4）。

2. 埋管线

埋管时，要注意电线管道与水管、燃气管道之间至少保持30cm以上的距离，为防止信号干扰，强、弱电管的距离最低保持在50cm以上。

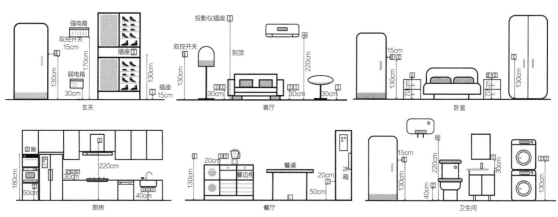

图7-4 居住空间的开关、插座与主要电器、家具的位置参考

3. 封槽

电路改造封槽一般采用水泥封槽，为了保持水泥封槽的强度，用于封堵线槽的水泥必须和原有结构的水泥成分保持一致。需要注意的是，水泥特有的物理属性，它的收缩性比较大，很容易出现裂缝等问题，所以用水泥封槽，封槽口最好做两次以上。

（三）电路改造施工注意事项

（1）电线标准的选用须按国家的规则，照明、开关、插座要用2.5mm^{2}的电线，空调要用4.0mm^{2}的电线，热水器要用6.0mm^{2}的电线。空调、浴霸、电热水器、冰箱的线路有必要从开关箱开端。

（2）三线制装置有必要用三种不一样色标。家装电线一般分为6种颜色：红色、黄色、绿色、蓝色、黑色、黄绿双色。火线（用L表示）用红色、黄色、绿色；零线（用N表示）用蓝色；地线（用E表示）用黑色、黄绿双色。

（3）一切导线装置时，有必要用相应的导管（如PVC管）穿起来，埋在事前凿出的深宽为4cm×3cm的槽子里，如遇并排线路需要把槽子凿宽，为不影响别的工种施工，可和木瓦工协商解决施工中的难题。

（4）一切预埋导线留在接线盒处的长度为20cm，接线盒有必要用水泥砂浆封装牢固，使其规整不倾斜，其合口要略低于墙面0.5cm。

（5）所有导线布线到位确认无误后，可通电试验，将所有用电接头接上灯头，套上15W灯泡，接通电源，如全亮证明该户电路装置合格，可填写工程交接单，请其他工种负责人签字检验。

（6）装置各种灯具和开关面板，须在油漆快要撤场前三天或油漆完一遍时出场，一切开关的面板装置必须平坦整齐。大型吊灯顶部有必要事先用膨胀大螺丝固定4cm×3cm木方，然后将吊灯固定螺丝切在木方上。扣板吸顶灯装置时，必须将固定螺丝切在事先安装的木楞子上，禁止切在扣板上。

（7）不同导线禁止混穿于一根线管内（如强、弱电线，电脑线，电视线，电话线等），必须各行其道（管）。

（8）导线装入套管后，应运用导线固定夹子，先固定在墙内及墙面后，再抹灰或用踢脚板、装饰角线隐蔽。

（9）禁止线管直接铺设在复合地板下面，复合地板必须开槽；实木地板下面的线管必须有固定措施。

（10）禁止线管直接铺设在厨房、卫生间地上，防止管内进水。

（11）穿线管里母线的总截面不该大于线管孔有效面积的40%，管内导线不得有接头。

三、室内采暖系统设计

采暖设计必须在设计之初就将其纳入考虑范围，根据各居室的供暖需求，提出合理的供暖解决方案。

（一）采暖种类

1. 暖气片

暖气片采暖是以散热器为末端实现供暖的一种采暖方式，有升温快、即用即开、节能、舒适等优势。

暖气片安装分为明装和暗装两种。明装的优点是，即使家中已经装修过了也能安装，一天左右即可安装完毕，方便快捷；暗装的优点是配合装修管道都被隐藏在墙内，美观时尚。

2. 湿铺地暖

湿铺地暖是当下最常见的采暖方式，将低温热水作为热媒，通过埋在地下的管道循环流动，由下及上散发热量。湿铺地暖拥有成熟的安装技术，舒适度基本上是所有采暖方式中最好的，隐蔽性强。缺点是采暖预热时间较长，一般4~8小时后才能达到设定温度，且需要进行不间断的采暖保持，才能维持设定温度，能耗相对较大。

3. 干铺地暖

干铺地暖即超薄地暖，与湿铺地暖的主要区别在于安装方式的不同，一般不需要对地面进行找平处理，不会占据太多层高。其优点是施工期短，升温迅速；缺点是造价高，舒适度没有湿铺地暖好，对地面材料有较高的要求。

（二）地暖安装施工流程

1. 地暖工程实施方案

选择和制定科学合理的地暖工程实施方案，是发挥地暖自身优越性的前提，才能保证地暖安装的规范，才能从源头上杜绝地暖使用中可能会出现的问题。

2. 地面整平处理

地暖铺设之前，要先将室内的地面清理干净，保证地面的平整，清除地面凹凸和杂物，找平至±10mm。如果地面不平，不仅会影响到地暖的保温效果，还会造成地暖管损坏。

3. 安装分集水器

将分集水器水平安装于图纸指定位置，分水器在上，集水器在下，间距200mm。集水器中心距地面高度不小于300mm，并安装牢固。

4. 铺设保温层和反射膜

地面找平完成后，在上方铺设保温板，板缝处用胶粘贴牢固，保温层要铺设平整。为了防止热量向下流失，保温板上再用反射膜铺设一层保护层，反射膜要铺贴平整，不能漏出保温板或者地面。

5. 铺设地暖管

铺设地暖管的时候一定要严格根据设计图纸中规定的管间距和走向进行铺设，保持平直，还需要使用塑料卡钉按照图纸要求把管材固定。在切割地暖管的时候，一定要使用专用的工具进行切割，确保切口位置保持平整。

6. 管路水压测试

检查地暖铺设的加热管有无损伤、管间距是否符合设计要求，在管路隐蔽前必须进行水压试验，试压前排除管道内空气，将系统压力升到0.6MPa停止打压（最高不得超过0.8MPa），关闭阀门，检查各接点有无渗水现象。15分钟后，降压小于0.03MPa才是合格的。

为确保地暖施工良好，需要进行三次打压测试，分别是地暖完成铺设做一次，填水泥层后做一次，房屋装修完再做一次。如果达到规定要求，证明地暖安装合格。

7．回填和地面找平

在地暖管上铺设混凝土，混凝土有保护和固定水暖管道、传热和蓄热的作用，使热量均匀分布。一般地暖工程都是采用水泥砂浆将其抹平，并且确保地面保持在同一水平高度。

（三）地暖安装施工需注意事项

（1）先走水电后铺地暖可以减少2cm左右的地面高度，尤其是房屋层高比较矮的老房子一定要这样做。

（2）地面铺装材料的选择。瓷砖导热性好，冬天地面会非常暖和，是铺地暖的最佳面层材料；如果铺地板，要选择环保性好的三层实木地板，无胶装，否则会影响环保。同等条件下，铺瓷砖比铺地板的室内温度会高些。

（3）地暖盘管的设计，要尽量绕开柜体和实木家具，尤其是红木家具。室内盘管的间距为200mm，卫生间为150mm，落地窗旁为150mm，独栋别墅内四周墙面如果都是外墙，热损耗很高，要适当地增加密度。

（4）地暖施工过程中，要求地面盘管不得有任何的接头，所有的接头都在分水器处。施工结束以后，注水打压，压力要超过0.6MPa，让管道在保压的状态下进行后续的装修施工，好处是管道在后续的施工中如果意外破损，在压力表上可以立刻显现出来，及时处理。

四、智能家居系统设计

智能家居系统是以家为平台，利用综合布线技术、网络通信技术、安全防范技术、自动控制技术、音视频技术，将家居生活有关的设施集成，构建高效的居住设施与家庭日程事务的管理系统，提升家居安全性、便利性、舒适性、艺术性，并实现创造环保节能的居住环境。它是信息化时代万物智联技术的集成体现（图7-5）。

（一）智能家居分类

1．控制主机

智能家居控制主机又称为智能家居集中控制器，是指封装好的具有智能家居系统控制功能的控制器硬件和软件，具有相应外围接口，控制主机通常包括各种形式的控制器终端产品。控制主机通过直接连接或者协议转换间接控制方式实现智能照明、家电控制、家庭安防（可视对讲系统、监控系

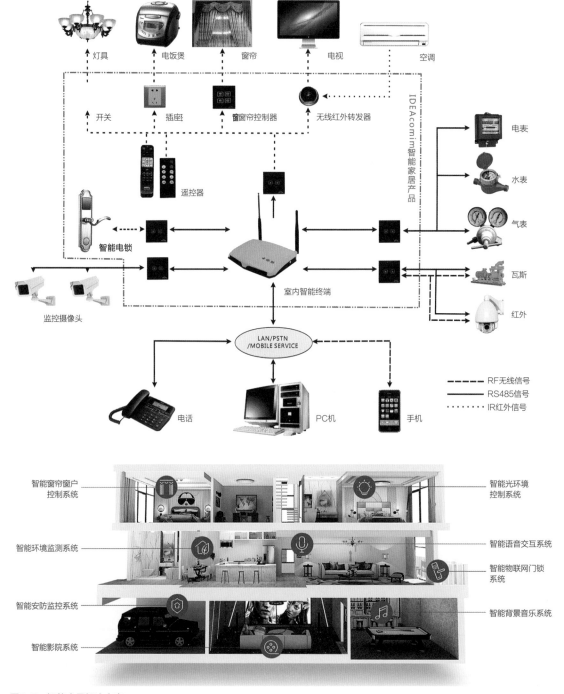

灯具　电饭煲　窗帘　电视　空调

开关　插座　窗窗帘控制器　无线红外转发器　IDEAcomim智能家居产品

电表
水表
气表
瓦斯
红外

遥控器

智能电锁

室内智能终端

监控摄像头

LAN/PSTN
/MOBILE SERVICE

电话　PC机　手机

- - - - RF无线信号
———— RS485信号
.... IR红外信号

智能窗帘窗户控制系统　　　　智能光环境控制系统

智能环境监测系统　　　　智能语音交互系统

智能物联网门锁系统

智能安防监控系统　　　　智能背景音乐系统

智能影院系统

图7-5　智能家居解决方案

统、防盗报警、门禁电锁)、智能遮阳、家庭能源管理等功能。与互联网连接的控制主机还能实现网络控制和远程控制的功能。控制主机及相关产品包括：控制主机、控制器、分控制器。

2. 智能电器控制系统

在智能家居系统中，电器控制系统是一个核心系统，是指控制主机对家用电器、电源插座开关进行的开关控制、功能设置、场景设定。电器控制由控制主机中的模块单元、连接线路、传感器和执行器模块组成。

3. 智能照明控制系统

智能照明控制系统是利用程序控制系统、通信传输技术、信息智能化处理及电器控制等技术组成的分布式控制系统，对灯光具有强弱调节、场景设置、定时设置的功能。智能照明系统由系统单元、输入单元、输出单元组成。

4. 智能影音娱乐控制系统

通过智能机顶盒、家电控制器、背景音乐主机等设备连接控制家庭影音设备，共同联动调度灯光、封闭窗布，营造良好沉浸体验的影音娱乐环境。

5. 智能门窗控制系统

可通过智能门锁、智能主机联动窗帘电机、推窗器等智能设备，根据情况具备多种开锁方式，可通过手机App远程操作，设置相关定时定期密码，既方便又安全。门锁联动窗帘窗户，设置回家或出门场景模式，开锁回家即自动开窗拉帘，出门关锁即自动关窗闭帘。智能门窗控制系统包括对讲系统、视频监控、防盗报警、电锁门禁。

6. 环境监测控制系统

通过水浸感应器、燃气和烟雾报警器等智能设备，实时监测家庭中出现漏水、煤气走漏、烟雾感应等危险情况，能够及时反映到用户手机上，并自动采取关阀开窗等处理；通过风光雨感应器、智能主机联动窗帘电机、推窗器等智能设备，根据当天紫外线强弱、空气质量、天气情况，完成智能遮阳、开窗通风、雨天大风自动关窗等操作。

7. 暖通空调控制系统

暖通空调控制系统指温控器和HVAC（供暖通风与空气调节）控制。家庭常用的暖通空调产品包括家用中央空调系统和新风系统、采暖系统，以及家庭太阳能与其他节能设备的管理（图7-6）。

8. 运动与健康监测

运动与健康监测是指具备联网功能的个人健康监测系统产品，在智能家居系统中，通常指具备了个人健康与运动状况监测功能的家居与家电产品。

图7-6 居家智能新风系统是具有自动调节功能的新风机，它能够根据外界空气中的污染物（如PM2.5、VOC）、温度、湿度，室内CO_2含量，按照预先设定好的指标对传感器传导的信息进行分析判断，及时自动开启/关闭、开启和调节加热等功能

9. 花草自动浇灌与宠物照看管制

花草自动浇灌包括浇灌器主机，以及与主机连接的控制器和水管系统，按照预先设定，根据湿度的变化或者定时自动操作、场景设置的联动操作打开或关闭电源开关，将水分定期、定量、及时地补充给花木。

宠物照看管制是指视频监控和食物定制投喂等。

（二）智能家居布线系统

智能家居布线系统从功用来说它是智能家居系统的基础，是其传输的通道。智能家居布线也要参照综合布线标准进行设计，但它的结构相对简单，主要参考标准为"家居布线标准（TIA/EIA 570-A）"。

智能家居布线产品是智能家居中最基本的产品，许多其他智能家居系统都需基于智能家居布线系统来完成传输和配线管理，包括宽带接入系统、家庭通信系统、家庭局域网、家庭安防系统、家庭娱乐系统等。

家居布线系统中有一个重要的基本的配置产品：家居布线箱，又称为住宅信息配线箱或者弱电箱，它既是家庭弱电线缆端接与设备放置的场所，也是住房通信网络有线电视等信息连接的入口。其作用是能对家庭弱电信号线统一布线管理，还使强弱电分开，强电电线产生的涡流感应不会影响到弱电信号，弱电部分更稳定。

（三）智能家居系统设计原则

1. 实用性

智能家居最基本的目标是为人们提供一个舒适、安全、方便和高效的生活环境。系统在设计时，应考虑安装与维护的方便性，布线是否简洁规范直接关系到成本、可扩展性和可维护性的问题；系统设备要选择容易学习掌握、操作和维护简便的，要实用、易用和人性化。

2. 可靠性

系统的安全可靠和容错能力必须予以高度重视。对各个子系统有相应的容错措施，保证系统正常安全使用，质量性能良好，具备应对各种复杂环境变化的能力。

3. 标准性

智能家居系统设计应依照国家和地区的有关标准进行，确保系统的扩充性和扩展性，在系统传输上采用标准的TCP/IP协议网络技术，保证不同品牌产品之间系统的兼容与互联。

4. 先进性

先进的系统设计理念，需考虑后续发展的潜力，追求系统的开放性和可扩展性，以适应系统提升的要求。系统的前端设备是多功能的、开放的、可以扩展的设备，如系统主机、终端与模块采用标准化接口设计，为家居智能系统外部厂商提供集成的平台，而且其功能可以扩展，当需要增加功能时，不必再开挖管网，先进可靠、简单方便。

第三节　任务实施

一、任务布置

室内工程系统设计训练。

二、任务组织

该任务的实操训练有一定的现实困难，建议分两步完成实训体验：①有条件的学校（如建有虚拟仿真实训室的）可以实训室完成相关实训内容；也可以联系较大型的室内设计公司，一般都会有装修工程的工艺流程展示（厅），组织同学进行参观学习。②结合课程大作业完成相关内容的CAD图纸绘制。

三、任务分析

（1）确定居住空间室内各个水位点和给排水管道布置，了解给排水系统改造步骤和注意事项。

（2）确定用户使用的所有电气设备的安装使用位置，规划强弱电线路布置走向，了解电路系统改造步骤和注意事项。

（3）地暖是当今除了集中供暖之外较流行的采暖方式，了解地暖安装施工流程和注意事项。

（4）此项任务训练受制于现实条件，同学不一定能获得真实的体验，可以通过网络公共资源进行相关的线上教学视频学习。

四、任务准备

结合课程大作业，对用户的功能诉求和日常生活习惯有明确和清晰的了解，同时对室内系统工程改造施工相关的设备、材料和工艺有一定的了解。

五、任务要求

（1）能够读懂室内系统工程改造设计图纸并指导施工。

（2）完成课程大作业中相关的室内系统工程改造设计图纸。

本章总结

　　本章学习的重点是了解居住空间室内工程系统改造设计的主要工作内容、要求和流程，能够读懂和绘制相关图纸并指导施工。难点是实训部分由于存在一定的客观困难，需要创造多种教学途径和手段，达到相对直观和真实的体验效果。

课后作业

　　（1）简述给排水系统改造管路开槽的要求和注意事项。
　　（2）简述电路系统改造施工步骤和注意事项。
　　（3）简述地暖安装流程和注意事项。
　　（4）结合课程大作业，参照图9-13～图9-17完成灯具尺寸图、开关示意图、插座平面图、水路走向示意图、水点定位图。

思考拓展

　　智能居住空间设计思考。　　　　　　　　　　　　　　　　　　　🔗 资源链接：智能家居（视频）

课程资源链接

课件、拓展资料

第八章　居住空间软装设计

第一节　任务引入

软装是相对于传统"硬装修"的室内装饰形式，是在居住空间完成"硬装修"之后，针对软装元素进行的空间二次装饰，是建筑视觉空间的延伸和发展。

软装设计是指除了室内固定的、不能移动的装修工程（如地板、顶棚、墙面、门窗等）之外，对其余可以移动的、便于更换的软装元素进行优化与整合的方案实施过程。软装元素包括空间色彩与照明、家具和陈设、花艺绿植，以及其他居家用品等。

软装设计的作用是烘托室内气氛、创造环境意境、丰富空间层次、强化室内环境风格等，是营造家居氛围的点睛之笔。居住空间软装设计的主要依据是空间的形态、功能和风格的要求，以及用户的生活习惯、兴趣爱好和经济情况。

知识目标

（1）了解软装设计的基础知识。

（2）了解色彩与室内环境的关系，掌握居住空间色彩设计原则和方法。

（3）了解居住空间照明设计的作用，掌握居住空间主要功能分区照明设计的特点和要求。

（4）了解居住空间家具饰品的作用和选配常识。

能力目标

（1）具备居住空间色彩设计和照明设计的能力。

（2）具备居住空间家具饰品的选配和布置能力。

第二节　任务要素

一、居住空间色彩设计

色彩是一种视觉语言，不同的色调可以产生不同的色彩效果。它能影响人们在室内空间环境中的情绪，如暖色具有使人兴奋的作用，高明度色彩具有使人开朗的作用，而高彩度色彩具有使人亢奋的效能；冷色具有使人镇定作用，明度较低的色彩具有使人安定的性质，而彩度较低的色彩具有使人沉静的效能；单纯统一的色彩具有温柔抒情之感，符合私密性和静态活动的要求。

（一）色彩与空间

色彩对于室内设计具有面积或体积上的调整作用（图8-1~图8-4）。

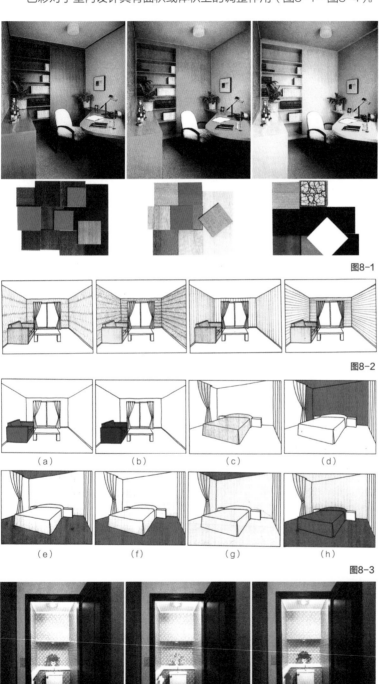

图8-1

（a） （b） （c） （d）

（e） （f） （g） （h）

图8-3

图8-4

图8-1 不同家具和界面材料的色调都会让人对同一空间产生不一样的感觉：深色具有宁静稳重之感，但会使小空间显得有压迫感；中间色可以弱化压迫感又不破坏和谐；而淡色几乎让人感觉不到它的存在，使小空间显得宽敞明亮

图8-2 图案花样对空间的影响：①大的花样使房间显得较小；②小的花样使房间显得较宽大；③垂直花样使天花板显得较高；④平行花样使房间具有花样方向的延伸性

图8-3 色彩具有质量感，可以影响空间的视觉感受。①红色有放大的感觉，使空间显得小；②蓝色产生距离感，蓝色沙发看起来比实际上的要小，从而使空间显得大；③明调色彩使空间看起来较宽敞；④壁面和天花采用较深的色彩，使空间看起来较窄小；⑤地板和天花采用较深的色彩，使空间在水平方向上看起来较宽大；⑥地板用较深的色彩（天花和壁面用较浅色彩），产生平和的气氛，使空间看起来较宽敞；⑦天花用较深的色彩，使空间具有紧张感；⑧家具色彩要搭配地面和壁面的色彩，可以使过大的家具在空间的视觉感上取得协调

图8-4 狭小的卫生间因局部位置的色彩改变，就能使人产生不同的空间感受

（二）色彩与采光

室内采光太强时，必须采用反射率较低的色彩，以缓和强烈光线对于人视觉和心理上的双重刺激。反之，室内采光较暗时，则需采用反射率较高的色彩，使室内光线效果得到适度的改善。

室内采光与朝向关系密切：北面采光虽光线稳定，但常显得沉闷或阴暗，若采用暖色调，可以使室内光线趋向明快；南面采光较为明亮，以采用中性色调或冷色调较为适宜；东面采光上下午光线变化强烈，与采光方向相对的墙面宜采用吸光率略高的色彩，而背光墙面则宜采用反射率较高的色彩；西面采光中光线变化更强烈，除采用东面曝光的相同原则外，必须酌情考虑色彩的反射率予以调节，并采用冷色调为宜。

（三）居住空间色彩设计原则

1. 充分考虑室内环境色彩的功能要求

由于色彩具有明显的生理与心理效应，在进行色彩设计时，首先要分析空间的性质和用途，并且还要处理好整个内部环境的色彩关系；其次要分析人们感知色彩的过程，创造一个具有审美感受的内部空间环境；再次还要符合使用者的个人喜好，在表现手法上更加个性化和艺术化。

2. 符合构图原则

室内环境色彩的配置必须符合形式美学法则，处理与协调好室内环境色彩的对比与调和、主景与背景、基调与点缀等色彩之间的关系。

3. 色彩设计要与装饰材料密切结合

研究色彩效果与材料的关系主要是要解决好两个问题：一是用不同质感的材料来表现不同的色彩效果；二是尽可能地充分运用材料的本色，使室内色彩更加自然和丰富。

4. 通过色彩设计改善空间效果

室内空间的形式与色彩关系是相辅相成的。一方面由于空间形式是先于色彩设计而确定的，它是配色的基础；另一方面由于色彩具有一定的物理效果，又可以在一定程度上改变空间在视觉上的尺度与比例关系。

5. 色彩设计要考虑民族、地区与气候特点

对于不同地域的民族来说，由于地理环境、文化习俗和审美要求的不尽相同，人们对室内环境色彩的使用习惯往往也存在着很大的差异（图8-5）。

图8-5　土耳其女设计师伊雷姆·埃雷金奇（Irem Erekinci）的设计样品。
（a）不管是色彩选择，还是木质和布艺的运用，都呈现出柔和、温暖和朴实的基调，大理石材质的加入正好为空间注入了更现代的气质。图中选择的都是冷色调的大理石，这样冷与暖、软与硬的搭配，让空间的层次更丰富，温暖自然的空间质感变得更高级

(a)　　　　　　　　　　　　　　　　　　图8-5

（b）暖橙色可以与流行的淡紫色搭配，伊雷姆·埃雷金奇使用这组充满活力的色彩搭配，创造了一个有趣快乐的客厅，视觉上令人感到非常愉悦。淡紫色除了运用在沙发等小家具上，还出其不意地使用在了天花板上，非常有个性，也不过于抢眼。窗帘的暖橙色与空间中的淡紫色形成了完美的色彩碰撞

（c）邻近色的搭配整体显得温暖，如果想要降低橙色的暖感，可加入一些清淡和冷感的色彩来中和，如图中的水绿色，在伊雷姆·埃雷金奇多个作品中都用它来与暖橙色搭配。水绿色饱和度低，与暖橙色搭配时也可以作为主色，在更多的面积中使用

图8-5（续）

（四）居住空间色彩设计

在进行色彩设计时，要充分地了解室内环境，根据设计对象的特点，运用相关色彩知识进行环境的色彩设计，并注意色彩整体的统一与变化。同时，还要进行适当的调整和修改，才能最终确定室内环境色彩设计的效果。设计顺序一般是：从整体到局部，从大面积到小面积，从视觉中心位置到边缘区域。而从色彩关系来看，首先要确定明度，然后再依次确定色相、纯度与对比度（表8-1）。

表8-1　　　　　室内色彩设计具体步骤与工作内容

序号	设计步骤	主要工作内容
1	前期准备	了解空间的功能及使用者的要求
		绘制设计草图（透视图）
		准备各种材料样本及色彩图册等
2	初步设计	确定基调色和重点色
		确定部分配色（顺序：墙面→地面→天棚→家具→室内其他陈设）
		绘制色彩草图

序号	设计步骤	主要工作内容
3	调整与修改	分析与室内空间形态和风格的谐调性 分析配色的谐调性 分析色彩以外相关因素的属性关系（如有无光泽、透明度、粗粗与细腻、底色花纹等） 分析色彩效果是否正确利用（如温度感、距离感、重量感、体量感、色彩的性格、联想、感情效果、象征个性等）
4	确定设计效果	绘制色彩效果图
5	施工现场配合	试样，并进行校正和调整

室内色彩虽然由许多细部色彩共同组织而成，但在表现上必须是一个由背景色、主体色、强调色构成的相互和谐的完美整体（表8-2）。

表8-2　　　　　　　　　居住空间室内色彩构成参考

名称	特性	所用部位	作用
背景色	高明度、低彩度或中性色	大面积部位，如天花、墙壁、地面	背景烘托作用
主体色	高彩度、中明度、较有分量的色彩	中面积的部位，如家具	体现室内整体
强调色	最突出的颜色	小面积的部位，如陈设品	发挥强调效果

从色彩结构角度来说，居住空间色彩设计可归纳为三大类。

1. 单色相设计

根据室内的综合需要，选择一个适宜的色相，以统一整个室内的色彩效果，同时充分发挥其明度与彩度的变化，以取得统一中的微妙节奏关系。在必要时可适量加入无彩色的配合，使整个色调达到明快（加白）、柔和（加灰）或较有深度（加黑）的效果（图8-6）。

2. 类似色彩设计

根据室内综合需要，选择一组适宜的类似色彩，并灵活应用其彩度与明度的配合，使室内产生统一中富于变化的色彩效果（图8-7）。

3. 对比色彩设计

根据室内综合需要，选择适宜的补色对，充分利用其强烈的对比作用，并灵活运用其明度、彩度、色彩面积的调节，使之获得对比鲜明、色彩和谐的感觉。必要时，可以加入无彩色，使强烈的补色关系通过它的过渡作用取得分离或统一的效果（图8-8）。

灵活运用色彩设计，营造出满足业主要求的居住空间环境（图8-9）。

图8-6

图8-7

图8-8

图8-9

图8-6 通过色彩明度和纯度的变化，绿色系列的条块状色彩构图组合，使餐厨空间和小型客厅既相互独立又紧密关联。这种基于统一和谐的色彩设计，最大的特色是易于创造鲜明的室内色彩情感，充满单纯而特殊的色彩意境，但必须善于把握色彩基调，不致产生单调和沉闷，适于小型静态活动空间的应用

图8-7 类似色彩计划一般在使用时包含同类色和邻近色，会达到更丰富的效果，必要时也可适度加入无彩色，使彩色更清新（加白）、柔和（加灰）或厚重（加黑）

图8-8 充分利用对比和统一的作用，灵活运用明度、彩度、色彩面积的调节，取得对比的和谐效果。这种方法富有华丽的效果，但需要把握色彩结构，适于较大动态活动空间的使用

图8-9 不同的色彩设计营造出卧室不同的环境氛围，颜色对人类行为和人类心理都有影响，尽管不同民族存在差异，但是仍然有超越国界的审美认知存在

二、居住空间照明设计

光源分为自然光和人工光两类，居住空间的照明指的就是通过技术手段实现的室内人工照明。

（一）居住空间照明设计的作用

1. 满足生活的功能性作用

居住空间室内照明设计中首先是满足不同空间环境的功能照明需求，如客厅照明保证空间的明亮，书房的照度符合阅读的要求，卫生间的镜前灯满足化妆的需要（图8-10）。

2. 营造氛围的装饰性作用

室内空间布置加入灯光后，参与空间组织，增添空间的层次感，可使空间表达更为多样化，更好地表现空间设计主题；同时也加强了空间设计的感染力，提升空间活力，起到烘托气氛的作用（图8-11）。

（二）灯具的分类

灯具按用途主要分为三类：一是功能性灯具，主要是为室内空间提供必要照度的灯具；二是装饰性灯具，主要起增加环境气氛、创造空间意境、强化视觉中心的作用；三是特殊用途灯具，如应急灯、标志灯等（图8-12）。

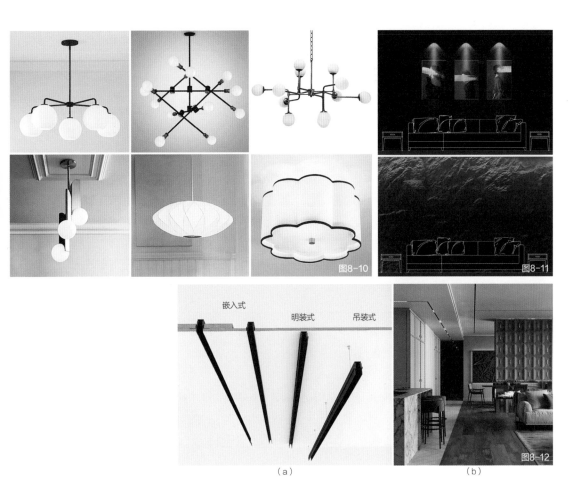

图8-10

图8-11

（a）嵌入式　明装式　吊装式

（b）

图8-12

图8-10　漫射型灯具可以产生均匀的光照效果，发光面积大，光线相对比较柔和，而且照射范围比较广，比较适合作为空间的基础照明

图8-11　一面墙，如果想重点表现墙上的装饰画，可以使用射灯照射；如果想表现墙的肌理质感，则可以采用洗墙灯槽去实现

图8-12　磁吸轨道灯
（a）提到无主灯设计，不能不提到磁吸轨道灯。磁吸轨道灯在这几年非常流行，它是轨道灯的一种应用，一般分为嵌入式、明装式、吊装式，应用非常灵活；
（b）磁吸轨道可以设计不同的安装造型；轨道上的灯具也可以移动到任意位置，可随意拆装

灯具按其构造形式及安装位置分类（表8-3）。

表8-3　　　　　　　　　　常用的室内灯具和安装位置

灯具名称	特点和用途	安装位置
吊灯	经常用作大面积范围的一般照明，造型多样，具有较强的装饰效果	悬挂在室内屋顶。用作一般照明时距地面≥2.1m 处，用作局部照明时距地面1～1.8m处
吸顶灯	作室内一般照明用。吸顶灯种类繁多，造型一般较为简洁	安装在顶棚上
壁灯	一般作为室内补充照明，有很强的装饰性，可作为背景灯，可使室内气氛显得优雅	安装在侧界面及其他立面上，常用于大门口、门厅、卧室、走道等，安装高度一般在1.8～2m之间
嵌入式灯	具有较好的下射配光，分为两种：聚光型一般用于重点照明，如墙面油画、客厅摆件等陈设品的照明，增加装饰效果；散光型一般多用作局部照明以外的辅助照明	灯具嵌在装修层里。聚光型一般安装在重点照明区域的上方；散光型一般安装在走廊、玄关吊顶等处

灯具名称	特点和用途	安装位置
台灯	主要用于局部照明。它不仅是照明器具，也可作为很好的装饰品，对室内环境起美化作用	书桌上、床头柜上和茶几上都可用台灯
立灯	立灯又称落地灯。它是一种局部照明灯具，作为待客、休息和阅读的照明	常摆设在沙发和茶几附近
轨道射灯	由轨道和灯具组成，灯具沿轨道移动，灯具本身也可改变投射的角度，是一种局部照明灯具。主要特点是可以通过集中投光以增强某些特别需要强调的物体	常用在背景墙、床头等处

（三）居住空间照明设计基础

1. 一般照明

一般照明又称为功能照明或环境照明。它起到满足人基本视觉要求的照明作用，是在能保证有效照明设计的前提下，一定时间内使用最少的电力。工作面上的最低照度与平均照度比一般不能小于0.7lx（图8-13）。

2. 重点照明

重点照明又称为局部照明。其照明区域的亮度是环境光的几倍，以形成重点展示区域，从而吸引人的注意力，使视线自然地在照明部位上聚焦和停留。重点照明通常不会单独使用，需要搭配环境光或与一般照明相结合，否则亮度对比过大会引起眼睛不适（图8-14）。

图8-13　在设计中常用吸顶灯、吊灯作为一般照明，但也可用折射光带、壁灯、落地灯（台灯）作为一般照明。这在卧室照明设计中效果会非常好

图8-14　在设计中要将重点照明与环境补光或一般照明进行结合，既突出重点，又保证空间照明的和谐

图8-13

图8-14

3. 装饰照明

装饰照明主要是为了美化和装饰特定空间区域而设置的灯光照明。其主要是通过不同灯具、不同投光角度和不同光色之间的配合，达到一种特定的空间气氛，突出表现照明区域的特征和空间的特点，起到渲染烘托氛围的目的（图8-15）。

4. 应急照明

除了设置一般的照明灯具以外，一般在别墅和老人居住空间还需要安装两种特殊的照明灯具，即标志灯和应急灯。标志灯是向使用者提示空间设施或场所的标准，也是安全警告和紧急疏散的标志；应急灯能在突然停电时提供最低限度的短时间照明。

（四）居住空间主要功能分区照明设计

1. 玄关照明设计

一般情况下玄关都没有窗户，缺少充足的自然采光，在基础照明的基础上，可搭配射灯作为穿衣灯，并可兼具陈设品的重点照明（图8-16）。

2. 起居室照明设计

起居室（客厅）作为家庭活动最重要的公共区域，较其他空间的灯具和照明设置更应多样化。照明设计应根据不同的设计风格和要求，既要有基本的照明，又要有重点和装饰照明，营造出独特的氛围及丰富的空间层次，来满足家庭聚会、娱乐会客、看电视、阅读等多样化要求。起居室在辅助照明方面，主要包括壁灯、台灯和立灯等（图8-17）。

3. 餐厅照明设计

餐厅在照明设计上应该考虑光线的充足和柔和，通常情况下以吊灯为主。良好的照明可以烘托进餐氛围、增进食欲（图8-18）。

图8-15　常见的装饰照明有灯带、射灯等。图中通过创意吊灯和壁灯照明烘托环境，让空间更有艺术氛围和层次感

图8-16　玄关的照明设计是要营造宾至如归的回家感

图8-17　无论是现代简约、欧式古典、还是传统中式风格，客厅的照明要满足基本的亮度需求之外，还要满足多种功能的需要。在照明设计上应设置可调节和能分层次关闭的光源，灯具的使用按照业主的喜好有多种选择。如在看电视时，可以关闭主体的照明灯，只开启壁灯、落地灯或者台灯等辅助照明灯源

4. 厨房照明设计

厨房的照明设计功能性是第一位的，须满足食物准备和烹饪过程中照明需要（图8-19）。

5. 卧室照明设计

卧室是居住空间中的重要部分，人的三分之一时间都是在这里度过，是让人深度放松、解除一天疲劳和压力的空间。但对于大多数家庭来说，睡眠并不是卧室的唯一功能，因此卧室照明也需要多种灯具提供多种照明方式，达到营造多种空间氛围的效果（图8-20）。

6. 书房照明设计

现代书房一般兼具工作、学习和娱乐的功能，避免多色光源使用，选择灯具时尽量从使用者的实际需求来考虑（图8-21）。

7. 卫浴照明设计

卫浴空间的湿度较大，不适合设置活动式灯具，顶灯和壁灯是合适的选择，要避免产生眩光，灯具选择上注意防水性、封闭性和安全性（图8-22）。

8. 楼梯照明设计

楼梯间需要有均匀的照明，以此保证每一级台阶都能被清晰地照亮，起导引作用（图8-23）。

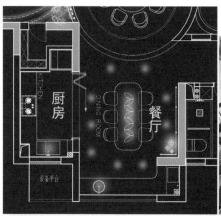

图8-18 餐厅具体的照明灯光模式需要根据空间的风格来设计。若使空间显得更为正式，需要将灯的位置放在餐桌的正上方，最好也搭配多种照明形式，让空间不仅有基础照明，又有重点照明效果，营造良好的用餐氛围

图8-19 厨房最好采用无阴影的常规照明，整体照明照度应该在100lx左右（操作台照度应该在150lx左右），灯具布置不宜过多，以简洁、明亮、方便操作为主。厨房照明一般安装吸顶灯，储物柜下、灶台和洗菜盆上方也可以安装照明灯

图8-20 卧室照明设计以满足使用者的需要为前提，最需遵守的原则就是个性化原则。卧室照明一般会安装多种灯具以满足不同的照明需要

图8-21 书房的功能往往是多样化的，书房不再是单纯看书的地方，还扮演着"家庭办公室"，或是"游戏厅"的角色。书桌工作面的照度，一般需要300～500lx的照度，色温可以选择4000K的中性色温，这样才能保证人在学习或者工作时候，保持头脑清醒，如果选择3000K的暖光，很容易让人有困倦的感觉

图8-22 卫浴间的照明主要由两个部分组成，即净身空间和脸部整理区域。第一部分包括淋浴间、浴盆以及坐厕等空间，以柔和的光线为主，照度要求不高，但光线应均匀，光源应该具有防水、散热和不易积水的特点。第二部分主要是满足洗脸化妆等功能需求，对光源的显色指数要求较高，一般是白炽灯或者显性色较好的光源

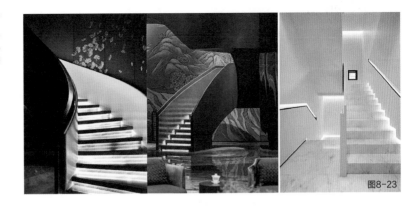

图8-23 楼梯照明设计在选择灯具类型时可选择电子节能灯，耗电量少，工作时间长。在楼梯上避免使用聚光灯产生阴影，壁灯也是楼梯照明常用的选择

三、居住空间家具的选配

家具是人们日常生活中使用的具有坐卧、凭倚、储藏、间隔等功能的生活器具。家具的选择和布置是居住空间设计的重要任务。

（一）家具的功能

（1）实用功能。一是不同家具的功能专用性，如床是用来睡觉的，衣柜是储放衣服的；二是可以利用家具对空间进行二次分隔，以界定相对独立的功能区域，或者提高空间内部的可变性和灵活性；三是利用家具填补空间，室内空间是拥挤闭塞还是舒展开敞、统一和谐还是杂乱无章，在很大程度上取决于家具的数量、款式和配置的形式。

（2）精神功能。通过室内家具配置能体现室内设计风格，能反映使用者的阅历、修养、职业、爱好和审美，能创造空间意境和环境氛围（图8-24）。

（二）家具的类型

按基本功能分类，家具主要可分为坐卧、桌台、储物与装饰等类型。

按使用材料分类，主要可分为木质、竹藤、金属、塑料与软垫家具等类型（图8-25）。

按结构形式分类，主要可分为框架、板式、折叠、充气与浇注等家具类型（图8-26）。

按使用特点分类，主要可分为配套、组合、多用于固定家具等类型（图8-27）。

图8-24 明式圈椅造型简洁，线条流畅，自然大方。明式家具不仅对中国，而且对世界的家具发展都产生了巨大的影响，至今仍然是家具设计的经典之作

图8-25 "两把椅子之间"是坎贝尔参加"献给丹麦王子的椅子"比赛而设计的休闲椅的名字：一把是激光雕刻的铁椅，另一把是用水流切割技术雕刻的橡皮椅。坎贝尔通过不同的材料和工艺，隐喻作为王子的双重身份：既是被国家和传统所束缚的公众人物，又体现个性的自由

图8-26

图8-28

图8-29

图8-30

图8-31

（三）家具的配置

居住空间选择和布置家具，首先应满足人们的使用要求；其次是家具美观耐看，即需按照形式美的法则来选择家具的尺度、比例、色彩、质地与装饰等，而款式与风格就要按室内环境与使用者的总体要求来考虑。同时，还需了解家具的安装工艺，以方便使用者能根据自己的需要进行家具的布置与调整（图8-28~图8-31）。

四、居住空间其他软装设计

（一）家居饰品陈列

1. 家居饰品的类型

（1）实用性饰品。实用性饰品指本身除供观赏外，还具有实际使用功能的物品。这类实用物品在满足使用功能的前提下，也十分注重形状、色彩与材质上的要求，例如生活器皿、花盆、书籍、音乐器材、屏风、书桌

图8-26 板式家具结构的储衣柜，结构合理，使用空间更大、更多、更方便

图8-27 德国设计师丹尼尔·迪尔麦耶（Daniel Diermeier）结合现代人的居家生活需求，设计出这把简约的多用途座椅

图8-28 选配的家具能反映风格、造型、质地、色彩、尺度、比例等元素特征，对形成环境气氛，表现特定意境至关重要，如豪华富丽、端庄典雅、奇特新颖、乡土气息等

图8-29 家具的种类由室内设计风格和使用者的喜好决定，选用家具款式时应讲实效、求方便、重效益。空间的性格与家具款式也密切相连，应注意与环境的统一。家具数量由空间使用要求和空间面积大小决定，在满足基本功能要求的前提下，家具的布置宁少勿多、宁简勿繁

图8-30　家具布置的格局指家具在室内空间配置的结构形式，其实质就是空间构图问题。家具在室内空间的配置形式无论规则式和不规则式，都要符合空间构图美的法则，应注意有主有次、有聚有散。空间较小时，宜聚不宜散；空间较大时，宜散不宜聚

图8-31　在设计实践中，家具布置常常采用下列做法：①以室内空间中的设备或主要家具为中心，其他家具分散布置在它们的周围，如在起居室内就可以壁炉或组合装饰柜为中心布置家具；②以某类核心家具为中心来布置其他的家具，如在餐厅就以餐桌椅为中心；③根据功能和构图要求把主要家具分为若干组，使各组间的关系符合分聚得当、主次分明的原则

图8-32　图片中沙发上的靠垫是实用性陈设，悬挂在墙上的单车模型是装饰性陈设

图8-33　波希米亚色彩的家，用餐空间充满了复古元素，毫不费力地营造出一种时尚感，采用的饰品是当代艺术品和二手古董：经典枝形吊灯、中世纪家具和菲菲斯米兰风格的地毯

图8-34　选择与室内多元混搭风格相统一的饰品，可以使室内风格更加鲜明突出。若室内的风格特征较为薄弱且不明显，则可在整体统一的前提下，选取一些造型、色彩、质感等均较为强烈的饰品，在融洽之中求得适度变化的视觉效果

图8-35　除考虑饰品自身的形状大小外，还需考虑与所处环境的协调一致，加强与背景之间对比，会取得强烈而生动的效果；但对比过分强烈时，则必须采取降低数量、减小尺寸、缩小面积和体积的办法予以调整，以免喧宾夺主、杂乱无章

图8-36　一般情况下，饰品的色彩经常会作为室内色彩设计中的重点来加以考虑，这样能取得更好的视觉效果。如果饰品色彩过分突出，会产生凌乱生硬的感觉，色彩的选择以和谐为前提和基础

案头的文房四宝、靠垫等。只要善于安排、巧于布置，都可成为室内环境中既有实用价值，又具点缀装饰作用的陈设物品。

（2）装饰性饰品。装饰性饰品指本身的实用价值甚少、主要供观赏用的陈设品，诸如书画、雕塑、古玩等。这类陈设品大都具有浓厚的艺术气息及强烈的装饰效果，或具有深刻的精神意义及特殊的纪念作用，别具风格、耐人寻味（图8-32、图8-33）。

图8-32

图8-33

图8-34

图8-35

图8-36

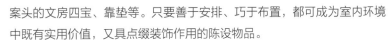

2. 饰品的选择

（1）饰品的风格（图8-34）。

（2）饰品的形状与大小（图8-35）。

（3）饰品的色彩（图8-36）。

（4）饰品的材质（图8-37）。

3. 饰品陈设原则

（1）构图要求。饰品的布置要保证空间的视觉平衡，对称式的构图布置常具有明显的轴线，有庄重、严肃和稳定的特性。相反，不对称的构图布置则显得轻松活泼，常运用在比较自由随意的场所，但也必须要满足空间视觉的平衡（图8-38）。

（2）构景要求。 大部分的陈设布置主要是为了满足视觉感受的精神功能要求，因此，在布置饰品时，要做到物得其所，应该放置在适当的和必要的地点或场所，满足构景的要求（图8-39）。

（3）功能要求。在满足视觉效果的同时，对一些兼具实用功能的陈设物件，还要满足它们使用时的功能要求。如茶具、餐具等日用器皿，不宜放置使用不方便的地方。

（4）动态要求。室内陈设的布置不能杂乱无章，但是也忌排列呆板，而应该排列有致，高低错位，主次分明。室内陈设应随季节、随性、随时予以增减变换，不断注入新内容、新含义，产生新意境、新韵味和新感受。

家居饰品能体现主人的品位，是营造家居氛围的点睛之笔。它将工艺品、纺织品、收藏品、灯具、花艺、植物等进行重新组合，可以根据居室空间的大小形状，主人的生活习惯、兴趣爱好和经济情况，从整体上进行综合策划，体现出主人的个性品位，而不会千家一面（图8-40）。

（二）窗帘选配

窗帘是软装的重要部分，是营造家居氛围的重要手段，挑选出合适的窗帘是室内品质和格调营造的有效方法。

1. 窗帘的种类

（1）传统布艺窗帘。传统布艺窗帘包括棉麻、涤纶、绒布、纱帘等多种材质，柔软温馨，常用于需隐蔽的客厅与卧房。具体使用时需评估空间的采光情况，如客厅中常用落地型式，可完全阻隔光源，达到保护隐私的功效（图8-41）。

图8-37 饰品种类繁多，用材十分复杂，肌理特征各不相同。在布置时，同一空间内宜选用材质相同或相似的陈设品，陈列的背景可选用对比的处理方式，以形成统一又有对比的视觉效果

图8-38 装饰画挑选原则：①保持一致性，包括风格内容以及色彩保持一致，以免给人造成一种突兀的视觉效果。另外，色彩搭配一致也很重要，主要是与家里的摆设、软装颜色相互呼应，营造独特的高级感。②宜精不宜多，一般来说，挂画数量越少越不易出错，但如果对自己的挂画布局审美很有自信或咨询过专业的设计师，也可以考虑使用多幅挂画装饰墙面，只要能提升美观度，任何布局都值得提倡。③尺寸要匹配，受空间大小及挂画数量的影响，挂画的尺寸选择也应有所区别

图8-39 饰品的组合和布置如同一件装置作品，可以成为一个室内造景的有效手段，既体现构图造景用心，也兼具功能性的妙趣

图8-37

图8-38

图8-39

（2）卷帘。卷帘的面料以防水的聚合材料为主。它集安全、遮阳、隔音等功能于一体，价格较便宜，且耐污、易清洁、好整理，具有多功能性，常用于厨房和卫浴等水汽高和需耐脏的空间（图8-42）。

（3）罗马帘。罗马帘属于卷帘类型的布面窗帘，分为折叠式、扇形式、波浪式，收放方便，易于控制光源映入室内的强度，面料能够呈现大面积的多元色彩和花纹，对空间视觉能产生极高的影响力，有高雅古朴之美（图8-43）。

（4）百叶帘。百叶帘具有很好的遮蔽性和调节光线的作用，具有美式与乡村风格的效果，常被用于卧室和浴室。百叶帘的材质选择多元，如铝片、木片、塑料片、布料制叶片等，可依照空间风格做搭配（图8-44）。

图8-40　如果把硬装比作居室的躯壳，软装则是其精髓与灵魂之所在，细节尤为重要。从材料的运用、色彩的搭配、家具的摆放、灯光的配置、饰品的陈列、摆件的点缀到风格的定位，都是出彩之笔。巴黎康朋街21号的香奈儿寓所，不论是过去还是现在，始终是时尚的发布地。在这个本身并不生动的寓所沙龙空间，香奈儿女士竭尽所能地以辉煌壮观的纪念收藏与低调的激情来填满它，让它成为一个温馨、有生气的神秘殿堂。寓所中充满了她所有珍爱的收藏：乌木漆面屏风、书籍、雕塑和绘画等，让它充满独特的历史意义，体现了室内软装中西风格的完美结合

图8-41　布艺落地窗帘　　　　　图8-42　卷帘　　　　　　　图8-43　罗马帘

图8-44　百叶帘　　　　　　图8-45　垂直风琴帘

　　（5）风琴帘（蜂巢帘）。风琴帘又叫蜂巢帘，属于布料窗帘，是一种绿色建材。除了遮光效果佳之外，其蜂巢状的设计，中空结构能够存储空气，具有隔热与保温的作用，且风琴帘表面皆用抗静电质材，又不易沾尘、好清洁的特性（图8-45）。

2. 窗帘的选择

（1）窗帘颜色选择。

　　选择窗帘的颜色要考虑与内饰主色相匹配，以及不同功能空间和季节变化的要求。比如客厅的窗帘往往占据面积大，应与室内墙壁、地面和家具的颜色相匹配，形成和谐统一的视觉环境。从季节变化的角度考虑，春季和秋季适合米色、浅绿色、黄色、粉红色等；夏天是白色、米色、浅灰色、天蓝色、湖绿色等；冬天应该使用棕色、深绿色、紫色、深色咖啡等较深沉的颜色。

　　（2）窗帘材质选择。

　　1）棉麻材质：质地舒适，健康环保，但是易皱、易缩水、易褪色。

　　2）涤纶材质：垂感好，不缩水，物美价廉。

　　3）纱质：采光柔和，透气通风，美观百搭，但遮光效果欠佳。

　　4）绒布材质：垂坠感好，不宜褪色，吸音、隔热、保温。缺点是面料厚重，清洗比较麻烦。

5）丝缎材质：手感和质感都比较好，但是价格昂贵。

（3）不同功能空间的窗帘挑选。

1）客厅空间宽敞，对明亮度要求比较高，同时也会追求一定的格调和质感，建议选择绒麻、缎、百叶帘、纱质窗帘等。

2）卧室对私密性的要求较高，可以选择质地较为厚实的绒布布料与纱帘组合，能有效地阻挡光线，并起到一定的隔音作用。

3）儿童房是孩子休息和学习娱乐的空间，考虑到色彩对孩子成长阶段视觉神经的刺激和情绪的影响，儿童房的窗帘推荐选择简洁大方的，搭配灵动、有趣的图案。

4）书房需要有一个安静的氛围，建议选择纯色遮光窗帘和透光透气的纱帘。

5）浴室和厨房应选择简单、实用和易于清洁的窗帘。

6）餐厅往往与客厅相连，窗帘选择与客厅一致，保持空间的整体视觉效果。

3. 窗帘选配注意点

（1）隐私保护。不同的室内空间，对于隐私的关注程度有不同的标准。比如卧室，隐私要求很高，会选用较厚实的，如棉麻加厚材质的窗帘。

（2）窗帘褶皱倍数。窗帘挂起来以后需要有褶皱看上去才美观，而褶皱倍数的多少则与成本价格息息相关，建议用2倍的褶皱倍数，褶皱度刚好，能适应大多数装修风格。

（3）窗帘长度要比窗台稍长一些，宽度要与墙壁的大小相协调，根据实际情况可考虑挡住两侧多余的墙面。

（4）经典三色（黑、白、灰）可以用来混搭，也可单用。经典色最大的好处就是百搭，可随意搭配，出错率很低。

（5）厚度的选择可根据环境来考虑，若房间位于高层、户外空旷，可选用纤薄性、轻柔飘逸的一类窗帘；若房间处于较为密集、闲杂场所或低楼层，建议选用厚实窗帘。从声音的传播方式来说，声音是直线传播的，适当厚度的窗帘，有利于阻挡和吸收部分外面的噪声，可以改善室内的声效。

（三）室内绿化布置

室内绿化是指在人为控制的室内空间环境中，科学且艺术地将自然界的植物、山水等有关素材引入室内，创造出既充满自然风情和美感，又满足人们生理和心理需要的空间环境（图8-46）。

居住空间的室内绿化作用除了生态功能和观赏功能外，还具有空间组织与联系的功能。

（1）利用绿化对空间进行分隔。

（2）联系引导空间，使室内空间相互之间的过渡和连接变得更加密切和自然，更能体现空间的整体效果。

（3）改善空间气质。一方面，室内绿化本身的魅力，使环境更为清净优雅，生机勃勃；另一方面，室内装饰通过绿化使原来过于简洁、过于硬冷，或者过于热闹的空间环境得以柔化，起到丰富空间和降低视觉疲劳的效果。

图8-46 想让家显得更加富有朝气，绿植是不错的搭配对象。它的绿色，以及大小不同的叶面和造型，让人感受到生命的活力，不管是摆放何处，都会给家里带来清新、温馨和放松的环境氛围

图8-46

（4）标识功能。在空间的起始点、转折点、中枢关节点等处安排绿化，可以起到引起人们注意的提示作用，使标识设计的手法更为艺术化和人性化。

居住空间的室内绿化的布置方式要处理好重点与辅助的关系，在空间上要处理好与家具和其他陈设的位置关系，选配要遵守以下原则。

（1）根据美学的原则选配，做到色彩调和、比例适度、布局均衡。

（2）根据室内环境条件选配，主要需要考虑的是室内的温度、光照和空气湿度，它们是室内绿化能否良好生长的物质基础。

（3）根据空间功能要求选配，居住空间都是具有功能性的，室内绿化的选配必须以不影响空间功能为前提，尽可能运用自然要素来组织空间，提高空间的功能价值和环境品质。

第三节　任务实施

一、任务布置

居住空间软装设计训练。

二、任务组织

（1）课堂实训课题："单身公寓设计"之软装设计（第五章课堂训练、图5-29），独立完成。

（2）课后软装市场调研作业，将全班同学分成四组，分别完成"家具、灯具、布艺和其他饰品"四个软装类别的调研，并对调研结果组织课堂汇报和交流。

（3）课后作业，根据课程大作业的任务要求，要求同学在前期的图纸基础上，细化并完成与软装设计内容相关的CAD施工图（详见本章"课后作业2"）。

三、任务分析

1. 课堂训练任务分析

制定"单身公寓设计"之"软装采购计划表"。居住空间的软装内容较繁杂，制作一张采购项目分类表是开始软装设计的好办法。

表8-4

软装采购计划表

采购顺序	类别		数量	风格	品牌（材质、颜色等）	使用场所	单价	总价	采购时间	备注
1	家具	衣柜								
		沙发								
		餐桌								
		……								
2	灯具	吊灯								
		落地灯								
		台灯								
		……								
3	布艺	窗帘								
		床上用品								
		靠垫								
		……								
4	其他饰品	绿植								
		挂画								
		工艺品								
		……								

（1）采购顺序主要是为了配合施工和避免软装重复，通常采购软装的顺序是：家具、灯具、布艺、其他饰品等。

（2）软装中成本最高、花费时间最长的是家具部分，所以按照采购清单的第一步就是家具采购。如果业主有定制的需求，需要提前联系厂家进行定制，并与装修公司配合完成。

（3）在灯饰采购上有两个注意事项：需要定制的灯具款式必须和整体的装修风格相协调；下单之前一定要核实清楚灯具的材质，可能看上去效果差不多的灯具，实际上用的材质可能不一样，按照实际需求和经济情况进行采购。

（4）布艺采购包括窗帘、床品、地毯等，这一部分最能体现业主的喜好和品味。需要注意：一是选取的布艺要和装修风格相匹配统一；二是在选择的布艺色彩上，可以选择与所处环境相近的颜色或者混搭的色彩，并考虑业主的喜好进行选择。

（5）其他饰品可根据整体风格和业主的要求选购，如装饰画、工艺品、绿植等，这类饰品一般适配性都比较高。

（6）表格"备注"栏可填写软装的品牌、技术参数、材质和颜色要求等信息。

2. 课后作业任务分析

（1）通过软装市场调研了解软装设计的相关知识。

（2）将软装设计的具体内容和要求在课程大作业的相关图纸中体现出来。

（3）学习能力强的同学建议尝试制作一套课程大作业的"软装设计方案书"。

四、任务准备

结合课程大作业，明确客户诉求，明确设计风格，明确项目预算，清楚客户的兴趣喜好和审美，并已完成前期相关的设计图纸。

五、任务要求

（1）完成课堂训练"单身公寓设计"之"软装采购计划表"的制定。

（2）了解当前的软装市场和发展潮流。

（3）在课程大作业的相关图纸中完成有关软装设计的内容表达。

本章总结

通过居住空间"色彩、照明、家具和陈设品"设计四个软装知识板块的学习和训练，重点了解软装设计的基础理念知识，掌握软装设计的基本方法和技能，特别是做到软装设计中功能性和艺术性的兼顾和平衡。难点是通过训练环节，将软装设计的知识技能应用于具体项目的设计实践，具备独立完成软装设计的能力。

课后作业

（1）软装市场调研。将全班同学分成四组，分别完成"家具、灯具、布艺和其他饰品（绿植和工艺品）"四个类别的市场调研，制作成汇报PPT。

（2）CAD图纸绘制。结合课程大作业，针对软装设计内容，对相关图纸"进行修改和细化（参照第九章对应的相关图例）。

（3）完成课程大作业的效果图表达内容。

思考拓展

室内照明扩初设计图纸要求。

⌐ 资源链接：上海某别墅照明设计案例

课程资源链接

课件、拓展资料

第九章 施工图绘制

第一节 任务引入

室内施工图是应用于室内装饰装修项目的施工图纸，用于表现设计意图、配合报价和指导施工，是装饰装修得以进行的依据。

施工图是具体装饰装修中每个工种和工序施工的指导，施工图把结构要求、材料构成及施工的工艺技术要求等用图纸的形式交代给施工人员，以便准确、顺利地组织和完成工程。正规工程项目的室内施工图由具备国家认可设计资质的设计单位进行绘制，图纸最终以工程蓝图的形式呈现，图纸上需要有相关设计人员的签名及设计公司的施工图签。

室内施工图的图纸构成往往并不固定，会根据不同项目的具体情况而有所变化，一般情况下居住空间设计施工图主要包含：目录、设计（施工）说明和图例、各类平面图和立面图、水电设备等设计示意图、大样节点图等。

知识目标

（1）了解施工图的作用和要求。

（2）掌握施工图的制图规范。

（3）熟悉施工图的构成和内容。

能力目标

（1）具备施工图的绘制能力。

（2）具备对施工图的阅读和理解能力。

（3）具备利用施工图指导施工的能力。

第二节 任务要素

一、施工图的作用和要求

（一）施工图的作用

（1）如实体现方案设计，保证设计效果。

（2）指导现场施工，保证施工工艺的可实施性。

（3）满足项目招投标工作。

（4）满足相关职能部门的报审、报批要求。

（二）施工图纸要求

（1）图纸体系清晰。图纸目录体系编制完整，图纸索引逻辑清晰。

（2）图纸表达准确。符合方案设计要求，图纸正确，图纸表达符合国家或行业相关标准。

（3）图纸内容合规。图纸内容符合国家相关的法律、法规，图纸深度符合报价、施工的要求。

二、施工图制图规范

（一）图纸幅面规格

图纸幅面是指图纸本身的规格尺寸，也就是常说的"图签"。为了合理使用并便于图纸装订和管理，室内设计制图的图纸幅面规格尺寸沿用建筑制图的国家标准（表9-1）。

表9-1　　　　　　　　　　　　室内设计制图的图纸幅面规格　　　　　　　　　　单位：mm

尺寸代码	幅面代号				
	A0	A1	A2	A3	A4
$b \times L$	841×1189	594×841	420×594	297×420	210×297
c	10			5	
a	2.5				

（二）标题栏与会签栏

标题栏的主要内容包括设计单位名称、工程名称、图纸名称、图纸编号，以及项目负责人、设计人、绘图人、审核人等项目内容。如有备注说明或图例简表也可视其内容设置其中。

标题栏的长、宽与具体内容可根据具体工程项目进行调整。室内设计中的设计图纸一般需要审定，水、电、消防等相关专业负责人要会签，此时可在图纸装订一侧设置会签栏，不需要会签的图纸可不设会签栏。下面以A2图幅为例，常见的标题栏布局形式（图9-1）。

（三）施工图常用的比例

室内设计图中的图形与其实物相应要素的线性尺寸之比称为"比例"。比值为1的比例，即1∶1称为"原值比例"；以比例大于1的比例称为"放大比例"；比例小于1的比例则称为"缩小比例"。绘制图样时，采用表9-2国家规定的比例。

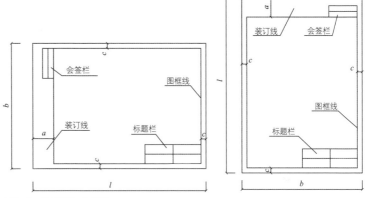

图9-1 标题栏与会签栏

表9-2 施工图常用绘图比例

图名	常用比例
平面图、天花平面图和地面铺装平面图	1：50、1：100
立面图、剖面图	1：20、1：50、1：100
详图	1：1、1：2、1：5、1：10、1：20、1：50

（四）线型及用途

线型分为粗线、中粗线、细线三类。绘图时，根据图形的大小和复杂程度，图线宽度 d 可在0.13mm、0.18mm、0.25mm、0.35mm、0.5mm、0.7mm、1mm、1.4mm、2mm数系（该数系的公比为$1：\sqrt{2}$）中选取。粗线、中粗线、细线的宽度比率为4：2：1。由于图样复制中所存在的困难，应尽量避免采用0.18mm以下的图线宽度（表9-3）。

（五）图纸中的字体规定

在室内设计图纸中，除图形外。还需用汉字字体、英文字体、数字等来标注尺寸及说明材料、施工要求和用途等。

1. 汉字字体

图中汉字、字符和数字应做到排列整齐、清楚正确、尺寸大小协调一致。汉字、字符和数字并列书写时，汉字字高略高于字符和数字字高。

文字的字高应选用 3.5mm、5.0mm、7.0mm、10mm、14mm、20mm。如需书写更大的字，其高度应按比值递增，在不影响出图质量的情况下，字体的高度可选 2.5mm，但不能小于 2.5mm。

表9-3 室内设计图中常用的线型及用途

名称	种类	线型	笔宽	用途
实线	粗	——————	b	轮廓线、装修完成面剖面线
	中	——————	$0.5b$	空间内主要转折面及物体线角等外轮廓线
	细	——————	$0.25b$	地面分割线、填充线、索引线等
虚线	粗	- - - - - -	b	详图索引、外轮廓线
	中	- - - - - -	$0.5b$	不可见轮廓线
	细	- - - - - -	$0.25b$	灯槽、暗藏灯带等
单点划线	粗	—·—·—·—	b	图样索引的外轮廓线
	中	—·—·—·—	$0.5b$	图样填充线
	细	—·—·—·—	$0.25b$	定位轴线、中心线、对称线
双点划线	粗	—··—··—	b	假想轮廓线、成型的原始轮廓线
	中	—··—··—	$0.5b$	—
	细	—··—··—	$0.25b$	—
折断线		——⌐——	—	断开界线
波浪线		∿∿∿∿∿	—	断开界线

除单位名称、工程名称、地形图等特殊情况外，字体均应采用 AutoCAD的SHX字体，汉字采用 SHX 长仿宋体。图纸中字型尽量不使用 Windows 的 TureType 字体，以加快图形的显示、缩小图形文件的大小。同一图形文件内字型数目不超过4种。

2. 数字

尺寸数字分为直体和斜体两种。斜体字向右倾斜，与垂直线夹角约 15°。

3. 英文字体

英文字体分为直体和斜体两种，斜体也是与垂直线夹角约15°。英文字母分大写和小写：大写显得庄重、稳健；小写显得秀丽、活泼，应根据场合和要求选用。

其他诸如引出线和材料标注、尺寸标注、详图索引标注、图名和比例标注、标高标注、立面索引指向符号、施工图图例表等制图标准和规范（图9-2），请学习"章末课程资源链接"内容。

📎 资源链接：房屋建筑室内装饰装修制图标准、房屋建筑制图统一标准、住宅设计规范

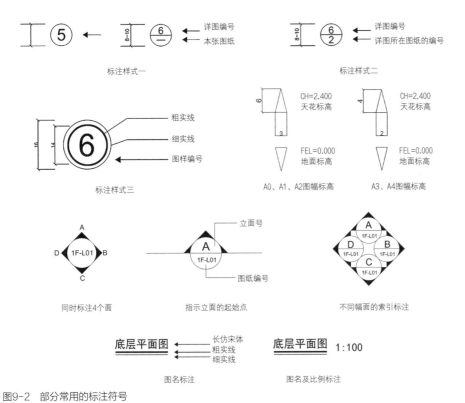

图9-2　部分常用的标注符号

三、居住空间设计施工图构成

（一）图纸目录（图9-3）

图 纸 目 录

序号	图号	图纸名称或设计项目名称	图幅	附注	序号	图号	图纸名称或设计项目名称	图幅	附注
01	P-01	封面	A3					A3	
02	P-02	图纸目录	A3					A3	
03	P-03	设计说明　图例	A3					A3	
……	……	……			……	……	……………	……	……

图9-3　图纸目录，根据不同项目增减其中的内容

（二）施工图设计说明和图例表

施工图设计说明包含内容：工程概况、设计范围及内容、设计依据、施工和验收技术要求、建筑装饰装修材料与施工的基本规定，以及各工种的配合说明、施工工艺及材料选用和注意事项等（图9-4）。

序号	名称	图例	序号	名称	图例	安装高度	序号	名称	图例
					常用图例汇总表				
1	造型花式吊灯		23	单联单控跷板式暗开关		1400	45	对讲机（门禁）	
2	射灯		24	双联单控跷板式暗开关		1400	46	K:空调出口	
3	轨道射灯		25	三联单控跷板式暗开关		1400	47	暖气	
4	筒灯		26	单联双控跷板式暗开关		1400	48	燃气表	
5	吸顶灯		27	双联双控跷板式暗开关		1400	49	天然石材 人造石材	
6	普通暖风机		28	三联双控跷板式暗开关		1400	50	金属	
7	镜前灯		29	浴霸控制开关		1400	51	隔音纤维物	
8	壁灯		30	普通插座		350	52	混凝土	
9	集成浴霸		31	卫生间用，带防溅面板		1400	53	钢精混凝土	
10	集成灯具		32	厨房设备用插座		1200	54	砌块砖	
11	防雾筒灯		33	壁挂空调		2200	55	地毯	
12	暗藏灯带		34	柜式空调（单相）		350	56	细木工板（大芯板）	
13	中央空调顶置机		35	地面插座		0	57	木夹板	
14	圆形散流器		36	电视终端插座		350	58	石膏板	
15	方形散流器		37	电话终端插座		350	59	木材	
16	剖面送风口		38	网络终端插座		350	60	木龙骨	
17	剖面回风口		39	音响终端插座		350	61	软包	
18	条型送风口		40	配电箱			62	玻璃或镜面	
19	条型回风口		41	弱电综合分线箱			63	基层抹灰	
20	排气扇		42	单管格栅灯			64	烟感	
21	—	—	43	双管格栅灯			65	喷淋	
22	—	—	44	三管格栅灯			66	扬声器	

图9-4　常用图列表

（三）原始结构图和拆建墙体图（图9-5～图9-7）

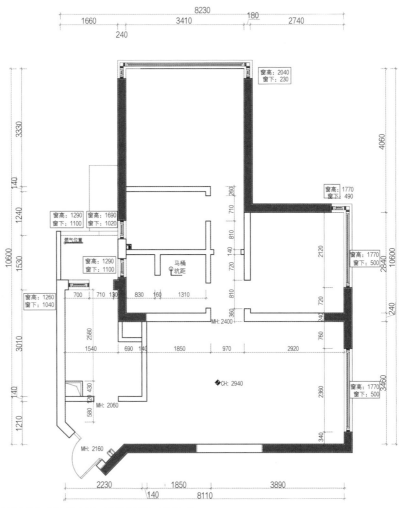

图9-5　原始结构图

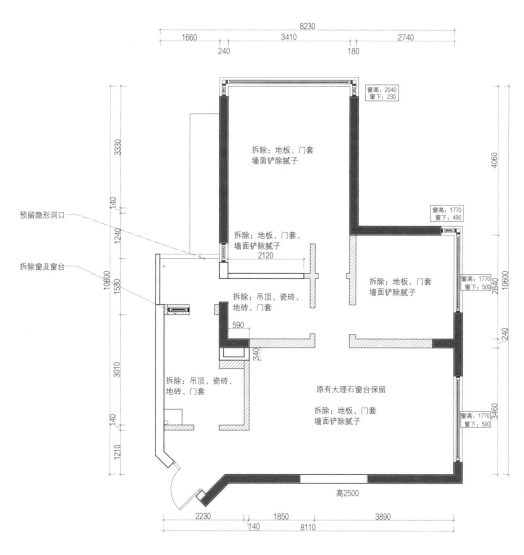

预留隐形洞口

拆除窗及窗台

窗高：2040
窗下：230

窗高：1770
窗下：490

窗高：1770
窗下：500

窗高：1770
窗下：500

拆除：地板、门套
墙面铲除腻子

拆除：地板、门套、
墙面铲除腻子
2120

拆除：吊顶、瓷砖、
地砖、门套

拆除：吊顶、瓷砖、
地砖、门套

拆除：地板、门套
墙面铲除腻子

原有大理石窗台保留

拆除：地板、门套
墙面铲除腻子

高2500

原位图例：

拆除墙体

注：1. 如遇钢筋混凝土结构，一律停止
操作，按规定或协议变更图纸；
2. 拆墙部分高度泛指拆除至梁；
3. 备注部分按备注实施。

图9-6 拆除墙体图

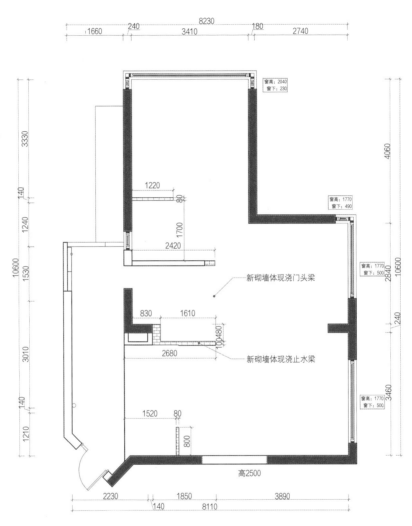

8230
1660 240 3410 180 2740

窗高：2040
窗下：230

3330

140

1240

1530

10600

140

1210

1220

80

1700

2420

830 1610

100 480

2680

1520 80

800

2230
140
1850 8110 3890

4060

窗高：1770
窗下：490

窗高：1770
窗下：500

2840

10600

240

3460

窗高：1770
窗下：500

新砌墙体现浇门头梁

新砌墙体现浇止水梁

高2500

原位图例：

新建砖墙
（含轻质砖，根据墙厚而定）

新建石膏板墙
底衬九厘板

新建现浇面
结构按施工方预算标准执行

注：1. 石膏板隔墙部分龙骨均为轻钢+九厘板+石膏板
（造型部分除外）。
2. 凡涉及厨、卫、地下室和阳台部分石膏板均为
防潮石膏板。
3. 凡涉及厨、卫和阳台部分新建墙体下部均加现
浇防水地梁。
4. 备注部分按备注实施。

图9-7　新建墙体图

（四）平面布置图和平面家具尺寸图（图9-8、图9-9）

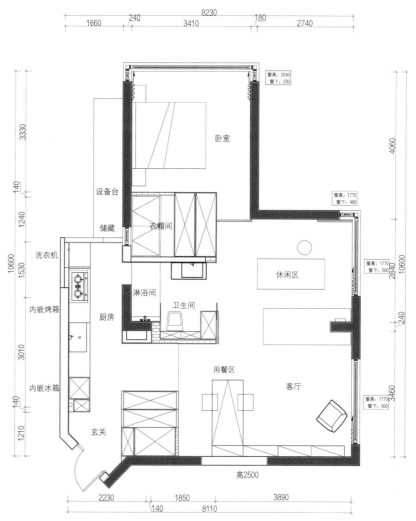

图9-8　平面布置图

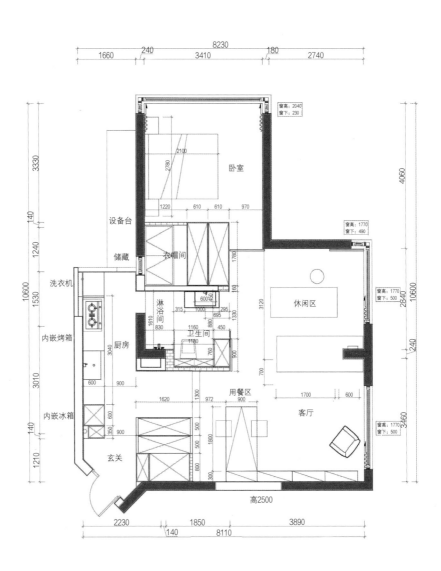

图9-9　平面家具尺寸图

（五）地面（铺装）材料示意图（图9-10）

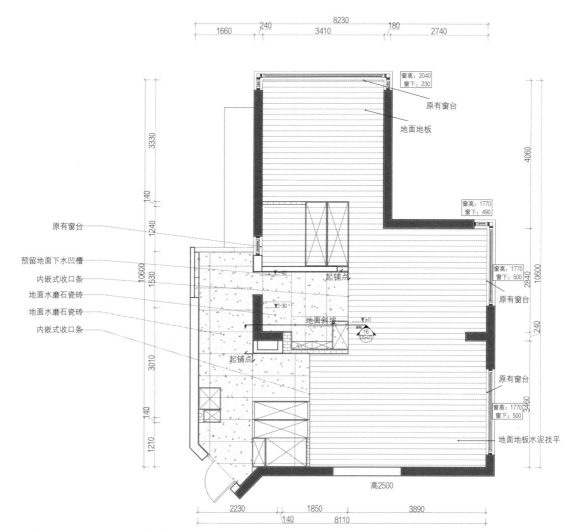

图9-10　地面（铺装）材料示意图

（六）顶面布置图和吊顶尺寸图（图9-11、图9-12）

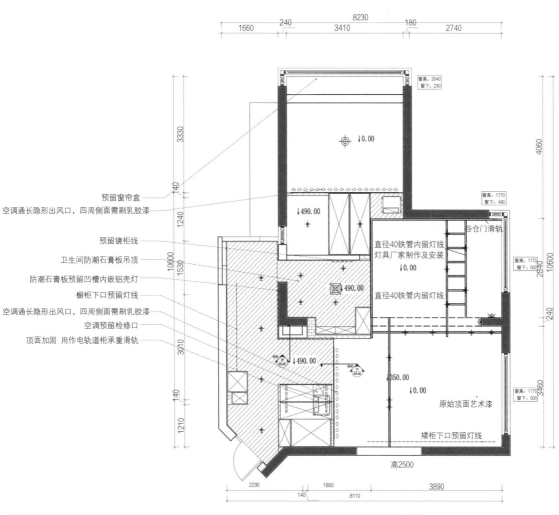

预留窗帘盒
空调通长隐形出风口，四周侧面需刷乳胶漆

预留镜柜线
卫生间防潮石膏板吊顶
防潮石膏板预留凹槽内嵌铝壳灯
橱柜下口预留灯线
空调通长隐形出风口，四周侧面需刷乳胶漆
空调预留检修口
顶面加固 用作电轨道柜承重滑轨

直径40铁管内留灯线
灯具厂家制作及安装
↓0.00

谷仓门滑轨

直径40铁管内留灯线

↓490.00

↓490.00

↓490.00

↓350.00
↓0.00

原始顶面艺术漆

矮柜下口预留灯线

高2500

窗高：2040
窗下：230

窗高：1770
窗下：490

窗高：1770
窗下：500

窗高：1770
窗下：500

| 图例： | 注：1. 石膏板吊顶部分龙骨均为轻钢（造型部分除外）。 2. 备注部分按备注实施。 | | ↑50.00 | 吊顶尺寸标注（从顶面往下） |

造型工艺灯　　壁灯　　射灯（笔形）　　镜前灯　　排气扇　　中央空调风机　　中央空调底回风口
吸顶灯　　筒灯（防雾）　　筒灯　　LED贴片灯带　　　　　中央空调底送风口　　中央空调侧送风口
工艺吊顶　　射灯　　风暖　　T5灯管　　中央空调侧回风口

图9-11 顶面布置图

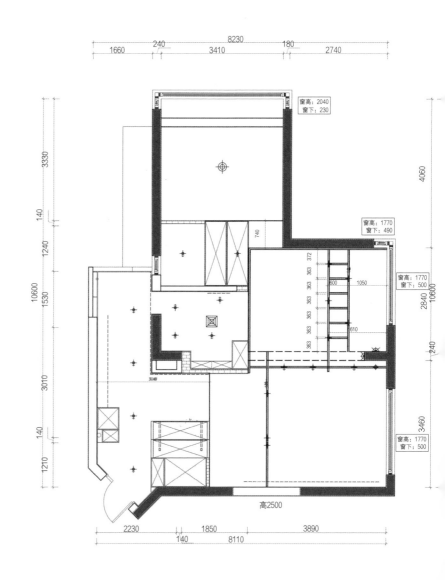

图9-12　吊顶尺寸图

（七）灯具尺寸图、开关示意图、插座平面图（图9-13~图9-15）

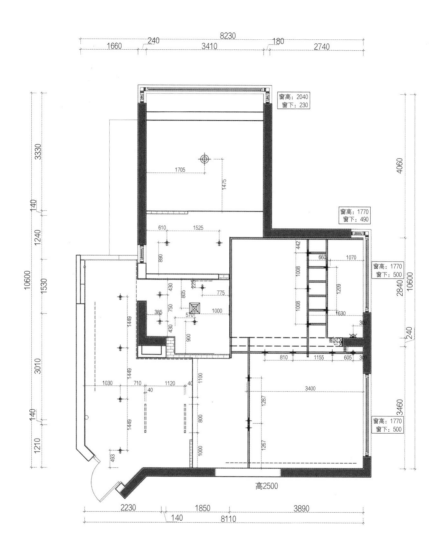

图9-13　灯具尺寸图

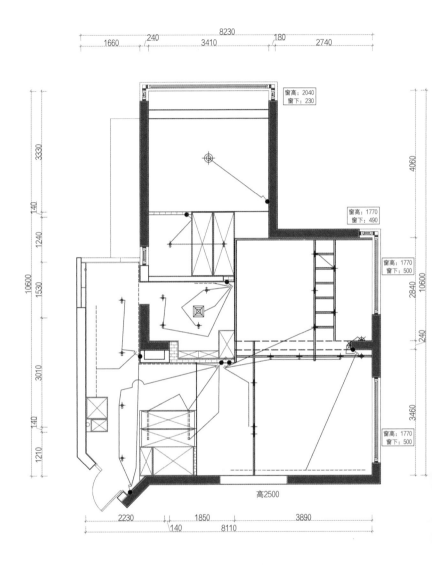

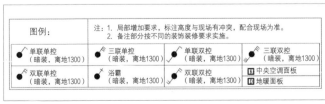

图9-14 开关示意图

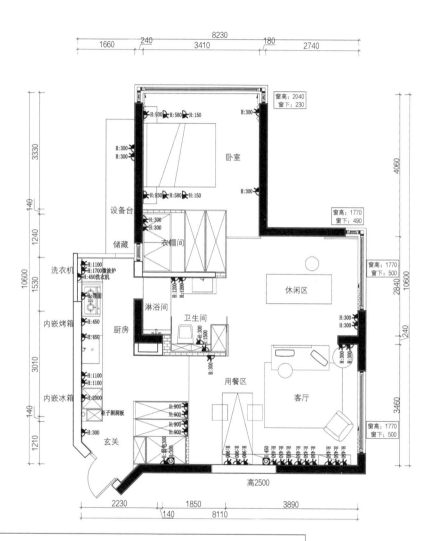

图9-15 插座平面图

（八）水路走向示意图和水点定位图（图9-16、图9-17）

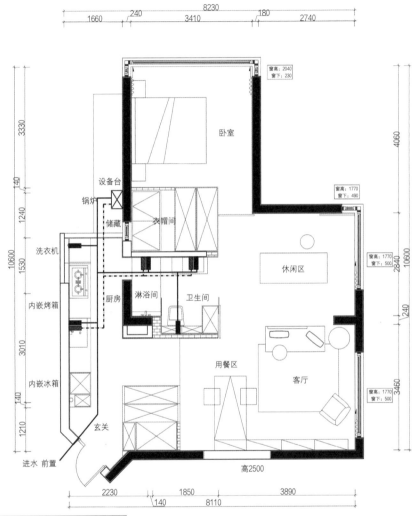

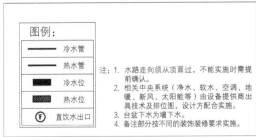

图例：

——— 冷水管

——— 热水管

■ 冷水位

▨ 热水位

Ⓣ 直饮水出口

注：1. 水路走向须从顶面过，不能实施时需提前确认。
2. 相关中央系统（净水、软水、空调、地暖、新风、太阳能等）由设备提供商出具技术及排位图，设计方配合实施。
3. 台盆下水为墙下水。
4. 备注部分按不同的装饰装修要求实施。

图9-16　水路走向示意图

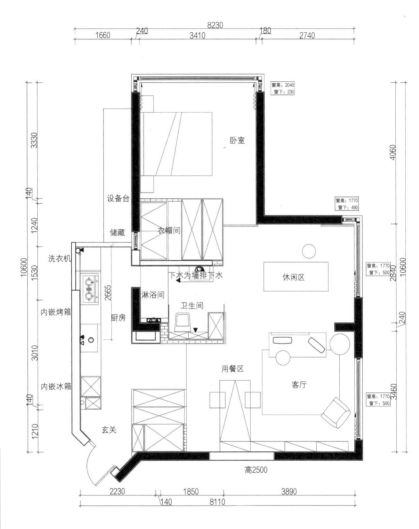

图9-17 水点定位图

（九）立面索引图、立面图（图9-18、图9-19）

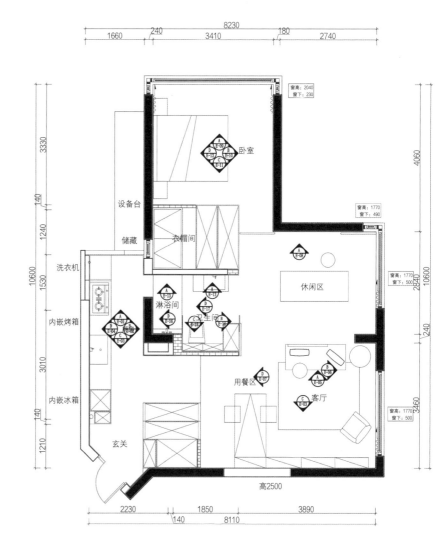

图9-18　立面索引图

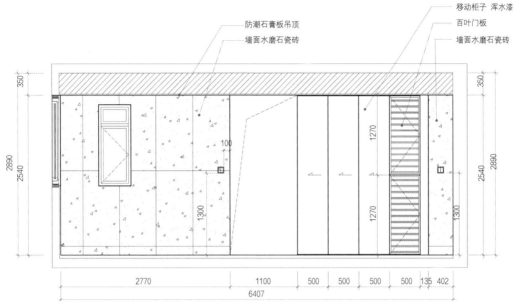

防潮石膏板吊顶
墙面水磨石瓷砖
移动柜子 浑水漆
百叶门板
墙面水磨石瓷砖

储藏　　　　临街　　　　　关

350
2890
2540
100
1300
350
2890
2540
1270
1270
1300

2770　　　1100　　500　500　500　500　135 402
6407

图9-19　立面图

（十）大样图（图9-20）

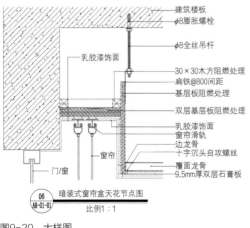

建筑楼板
φ8膨胀螺栓
φ8全丝吊杆
乳胶漆饰面
30×30木方阻燃处理
扁铁@800间距
基层板阻燃处理
双层基层板阻燃处理
乳胶漆饰面
窗帘滑轨
边龙骨
十字沉头自攻螺丝
覆面龙骨
9.5mm厚双层石膏板
门/窗
窗帘

06
AR-01-01
暗装式窗帘盒天花节点图
比例1:1

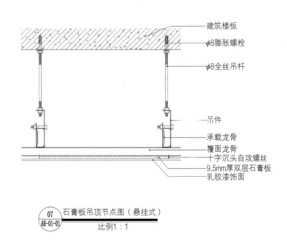

建筑楼板
φ8膨胀螺栓
φ8全丝吊杆
吊件
承载龙骨
覆面龙骨
十字沉头自攻螺丝
9.5mm厚双层石膏板
乳胶漆饰面

07
AR-01-01
石膏板吊顶节点图（悬挂式）
比例1:1

图9-20　大样图

第三节　任务实施

一、任务布置

施工图绘制训练。

二、任务组织

通过课堂教学和"链接9-1《房屋建筑室内装饰装修制图标准》"的拓展学习，以课堂训练和课后作业相结合的形式，要求同学独立完成课程大作业项目设计的CAD施工图。

三、任务分析

（1）项目驱动和任务引领，熟悉和掌握施工图制图规范。

（2）熟悉居住空间设计施工图的内容组成和深度要求。

（3）具备完成居住空间设计施工图的绘制能力。

（4）设计是一个反复修改和完善的过程，施工图的绘制过程同样也是一次发现问题、思考和优化设计的过程。

四、任务准备

（1）能熟练操作使用CAD制图软件。

（2）项目（课程大作业）经过扩初设计，各设计要素得以深度论证，设计要点得到了进一步细化，总体方案趋于完善和可行。

五、任务要求

（1）能够独立完成施工图。

（2）施工图符合制图规范要求。

（3）能够基本满足招投标和指导施工的要求。

本章总结

本章学习重点是了解施工图的构成、作用和要求，熟悉施工图的制图规范，能读懂和理解施工图的内容；难点是能够独立完成符合规范要求的施工图，并可利用施工图指导施工。

课后作业

（1）简述施工图的作用和要求。

（2）独立完成课程大作业的施工图。

思考拓展

资源链接：扩初图、施工图和深化图的区别

扩初图、施工图和深化图的区别（表9-3）

表9-3   扩初图、施工图和深化图的区别

图纸类别	定义	用途	提资条件	深度
扩初图	扩初图全称为扩大初步设计，最早是建筑制图里的一个定义，现在也应用在室内设计中扩初图的在方案设计的基础上进行绘制，内容和体系并不要求一定100%完整	对方案的可实施性与设计要点进行补充论证	方案平面图、天花图、地坪图；效果图、材料表；建筑资料	确认图纸体系、法律规范基本满足、标高初步复核
施工图	施工图是在方案设计和扩初图的基础上绘制的一套图纸，内容和体系相对完整，并符合相关法律规范	能够满足招投标要求，能够满足相关部门的审批要求，能够指导施工	扩初图、物料清单、其他专业资料（如果有）	标准工艺做法确定、墙体、完成面定位准确、与装饰有关的机电点位整合到位
深化图	深化设计是在施工图的基础上结合了建筑结构机电等专业设计资料，并整合了其他专业设计顾问的资料，所进行的更深层次的施工图设计工作	对所有层面的合理性和落地性进行更深层次的论证，主要目的和施工图一致	施工图、物料清单、其他专业资料（如果有）	在新增条件的基础上对施工图内容继续深化

课程资源链接

课件、拓展资料

居住空间设计
项目解析

第十章 项目实例

项目1　机关算尽的小居室

在家里装满"机关"是什么体验？

业主提出明确的要求：我的家，要来点不一样的！

男主人从事工业设计行业，精通机械，并希望在未来的家里有所体现，通过"机械"设计赋能空间，提升居住的舒适度和趣味性；女主人爱运动、爱旅游，每次出去旅游都会从当地收集一些画作，不仅是旅途的印记，也希望能好好展示画作，装点房子和生活。

房子是两室一厅结构，原空间比较常规，与屋主渴望的"有趣的家"相差甚远。根据业主的生活习惯和诉求，设计师大胆破解原有空间格局：让次卧变身多功能室，增加公共区域面积；改造卫生间，变身两面可穿梭的通道；开放式厨房，一进门就开阔自如。再通过"机械化"设计：打造可移动的柜体、可升降的沙发、可隐形的桌子……让家变身为一个巨大的机械装置：机关算尽，有趣、好玩、实用、与众不同（图10-1~10-31）。

项目坐标： 上海市徐汇区汇宁花园

项目面积： 60m²

项目户型： 二室

项目造价： 50万元

设计团队： 赫设计

🔗 资源链接：
课件+项目施工图

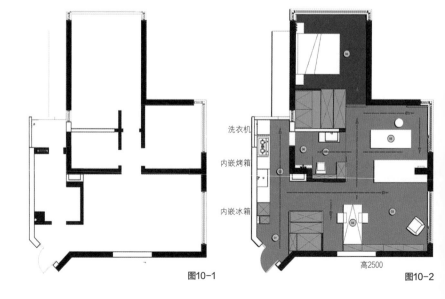

图10-1　原始户型
1. 入户是异形玄关，鞋柜储物空间不足；
2. 厨房操作台面小，空间较为封闭；
3. 客餐厅公共区域的面积，达不到业主心中预期；
4. 次卧较为狭窄封闭，利用率低

洗衣机
内嵌烤箱
内嵌冰箱

高2500

图10-1

图10-2

图10-3 从客餐厅看玄关。灰色区域是收纳柜，可以通过机械移动。透过柜子可以看到厨房。厨房、玄关、卫生间地面是灰色瓷砖，其他区域是浅色木地板，无缝拼接加上极细踢脚线，让视觉更简洁

图10-4 利用机械设计打造的可移动柜子，容量大、不占位置，一进入大门不觉得拥挤闭塞，动线也更自由：可以把买回来的菜随手放进厨房，再去卫生间洗手，也可以直接换鞋后直接到客厅，休息放松

图10-5 站在玄关，左侧灰色区域是厨房。打开柜子，里面俨然是小型衣帽间，可以收纳各种鞋子、衣服。柜子开启关闭十分便捷，所有常用物品也可以全部收纳其中，再也不用担心家里乱糟糟。柜子打开时，人也可以轻松穿过走道前往客餐厅

图10-6 从餐厅看向厨房。灰色与白色的拼接，意味着空间的切换，不仅有了视觉层次，还非常好打理。柜子的轨道是提前预埋在天花板和地面的，完工之后只看到细细的一条缝隙

图10-7 站在餐厅看向多功能室、主卧室。打开多功能室后，家里变得格外宽敞，加上一大面镜子，不仅满足业主的运动需求，还通过折射放大空间，让室内更宽敞明亮

图10-8 站在多功能室看向客厅与餐厅。客厅与餐厅没有多余装饰，一面柜子、几把椅子，留出足够空间自由活动。通铺的浅色木地板增加光线折射，与香格里拉窗帘搭配，室内多了温柔明媚的气韵

图10-9 一面柜子从餐厅延伸到客厅，餐桌则挨着柜子设立。餐桌暗藏机关，放下桌面，一家人可以吃饭。收起桌面，它又变身柜门，留出足够空间，想在家健身锻炼都没问题。椅子款式不一，每一把都各有特色，坐在喜欢的角落看看书

图10-10 桌面很独特，是由各类猫咪图案拼接而成的，潮酷还很萌。背板则和柜子纹路统一，可以"隐形"成一面柜子。架子上摆满了茶叶、日常器皿、常看的书籍，这里不仅仅是吃饭的地方，也是茶台、是书桌……

图10-2 改造后户型

1. 开放式厨房，并将生活阳台并入室内，长条形的操作台面更宽敞实用，入户更明亮；
2. 在入户与客餐厅之间设置柜子，并安装移动式轨道，可轻松拉开，储物量大又不占空间；
3. 改造卫生间，两边设置移门，可以通过卫生间穿梭厨房和多功能室，室内动线更流畅；
4. 将原次卧与客餐厅联动，公共区域更宽敞舒服。客餐厅与多功能室之间还设置可升降的沙发，来客人了可以放下沙发，坐在一起看电影聊天；
5. 主卧室设置衣帽间，同样是机械可移动式柜子，储物功能强大且节约空间

图10-11 搬上椅子、茶几，在窗边看书、欣赏画作，也是不错的选择。工业风十足的铁桶里面收纳了许多坐垫，有人来家里做客时拿出来，可以把升降台当作榻榻米使用，方便实用。铁桶上面则是充满生机的绿植，电视柜上摆放了音响、台灯，夜晚只打开台灯，就着音乐放空大脑，能解除一天的疲惫。在打造这个家时，没有拘泥于风格，而是基于实用基础、留出足够的留白空间，让生活痕迹成为最好的装饰

图10-12 屋主家的画需要时常更换，设计师沿着窗户设计了钢索，装饰画可以自己更换，总是给人新鲜感，久住不腻

图10-13 站在客厅看多功能室。开放式的格局，将各个空间串联在一起；一大面镜子起到放大空间的作用，小户型也可以大变身

图10-14 从多功能室看向洗手间。左侧：卫生间往内推，设置一面柜子，内部安装洞洞板，屋主健身用的各类器材可以分门别类挂起来。右侧：卧室的衣柜，同样可以通过轨道轻松移动。中间的卫生间，是隐形移门，通高的门和统一的色彩，丝毫不显突兀。门开合之间将卫生间、收纳柜藏起来，视觉更统一

图10-15 黑色的轨道是用来升降沙发的，平时可以将沙发升起来、紧贴顶面，地面空间可以随意地玩耍、做瑜伽。需要使用时又可以将沙发放下来，坐在沙发上看电影、聊天。做这个升降台是因为，原承重墙不能动，但是又不想太单调，所以用了这个创意，随着高度的变化，这里可以是榻榻米和沙发，也可以是餐桌和吧台，不用的时候升到顶，整个空间畅通无阻，这样的家，可以说是扫地机器人的最爱了！与其说它是沙发，不如说它是卡座或是座椅，夏天的时候可以光着脚坐在这里玩耍；冬天可以铺上厚厚的坐垫。要是愿意，还可以在这里小憩片刻。业主比较喜欢健身，因此在家里面加入了云梯的设计，可以满足各种健身的需求。灯光设计和顶面云梯融为一体，让整个空间更加利落

图10-16 黑色的线条延伸开来，灯光的电线也可以轻松隐藏，省去了吊顶的工序

图10-17 靠着墙铺装一大面镜子，外侧再安装两面谷仓门。谷仓门有两个作用，一是充当卧室的房门，二是可以遮盖住镜子

图10-11

图10-12

图10-13

图10-14

图10-15

图10-16

图10-17

图10-18　谷仓门推向两侧，露出镜子，室内宽敞、通透

图10-19　谷仓门推向中间，可以进入卧室，也盖住了镜子

图10-20　站在卧室，看向客厅与餐厅。顶天立地的谷仓门简约又大气，右侧一大面的柜子与室内色彩统一，削弱存在感，视觉更统一清爽

图10-21　移开右侧靠近谷仓门柜子，这里变身双一字形衣帽间。关上柜子，又清爽大气不占空间

图10-22　卧室一改常态，选用深色实木双人床，床头柜与床连为一体，收纳强大，也形成包裹感，让人轻松进入睡眠。卧室没有多余的装饰，简单、清爽、治愈力十足

图10-23　旅行时带回来的画，每一幅都格外有意义，让人回味旅途的惬意自在。床头一盏精致的床头灯，柔和的光线增强了睡眠的氛围感

图10-24　卧室采用日夜帘，而且是竖百叶帘。它相比于普通布艺窗帘更清爽大气，洒进屋内的光线也更柔和好看

图10-25　在窗户边上安装透明的亚克力挂衣杆，可以随手挂睡衣，再也不用担心椅子上"长满衣服"。随时随地保持家的清爽整洁，身处其中自然更轻松

图10-26　考虑到卫生间比较小，加上常住人口少，没有按照传统方式设计大洗手台，而是选用轻盈的洗手盆。将其和黑色钢板连为一体、固定在墙上，搭配入墙式水龙头、墙排式下水管，更清爽利落

图10-27　从洗手间看向多功能室。轻盈的台面、薄款镜子，都增添了室内的"呼吸感"挂杆搭配收纳篮，日常清洁用品可以轻松收纳

图10-28　淋浴区用浴帘隔开，空间更宽敞。墙面用大尺寸的水磨石纹瓷砖，配同色系环氧彩砂填缝，视觉效果统一大气。入墙式龙头与淋浴，更显简约、高级感

图10-29　洗手间的门开合之间，将柜子、卫生间巧妙隐藏。平时拉起浴帘，打开另一侧的门，可以轻松穿梭至厨房

图10-18
图10-19

图10-20
图10-21

图10-22
图10-23

图10-24
图10-25
图10-26

图10-27
图10-28
图10-29

图10-30　洗手间的门开合之间,将柜子、卫生间巧妙隐藏。平时拉起浴帘,打开另一侧的门,可以轻松穿梭至厨房

图10-31　厨房台面一字排开,烹饪更轻松,光线也十分充裕。台面灰色轻松好打理,节约家务时间。由于厨房使用率不高,因此将洗衣烘干一体机摆放在厨房,解放阳台晾晒空间,户外也有晾晒区域,洗衣后晾晒收拾很轻松。厨房看入户门。鞋柜和橱柜相连接,收纳十分强大。靠墙安装折叠凳子,换鞋更轻松。打开厨房后,一回到家就感觉明亮宽敞,白天不用开灯,回家就十分亮堂

项目2　极简暗调"艺术家"

本方案是一个小众且极具个性的"艺术之家"（图10-32~图10-52）。

屋主夫妻年轻时尚，从事艺术行业工作，对于审美上有较高要求，喜欢"深色的、不一样感觉"的空间，希望有金属元素点缀。

根据屋主需求，提炼重点信息，对空间重新规划，依靠布局弥补深色导致较弱的空间感，同时平衡功能的实用性和审美的艺术性。

在布局上，将入户餐厨空间重新规划整合，打造开放式餐厨，在厨房增设一个小储物间，提高收纳量，并开阔视野；餐厅动线偏移，解决入户视线直达卧室的问题。在材料使用方面，利用水泥砖、水泥艺术漆、微水泥等构筑空间底色，结合不锈钢等金属元素，激发空间的时尚力度。再通过一些设计小亮点，比如软膜灯、亚克力悬空鞋柜、悬浮餐桌、定制吧台、隐形洗手间等，倾力打造一个简洁而炫酷的"艺术之家"。

项目坐标：上海市宝山区
项目面积：120m²
项目户型：四室
项目造价：100万元
设计团队：赫设计

资源链接：
课件+项目施工图

图10-32　平面图
（a）原始户型图
（b）平面布置图。①入户左侧为厨房墙体，拆除墙体，打造开放式厨房，视野更通透开阔；②原客厅面积较大，将餐厅往中位线移动，原餐厅位置让渡给厨房空间，规划更合理，下厨用餐更方便；③于客厅和厨房中间定制餐桌，提升空间利用率，形成回字形动线，让日常活动更为便利；④餐厨中间定制吧台，增加使用台面，可补充作为西厨区使用，丰富和完善厨房功能；⑤公卫墙体内推并横向扩展，采用隐形门让空间隐蔽，为走廊外侧留空，活动空间更为宽敞；⑥主卫和衣帽间均拆改墙体，将衣帽间面向睡眠区部分打开，改造成半开放的步入式，日常动线更为便捷，同时也更加私密

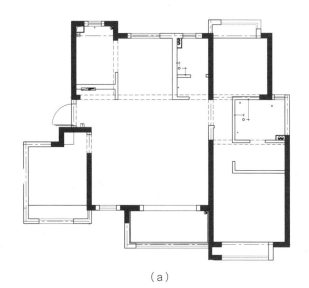

（a）

（b）　　　　图10-32

图10-33 原入户视野正对主卧门，难以保障私密性，调整餐厅位置后，将餐厅外扩至中位线上，居中拦截入户视野；同时于餐桌面向大门一侧定制端景，通高金属面板搭配镂空台面，有张有弛，更显大气。一座金属色小人雕塑，增添几分可爱气质，让家更具生活气息

图10-34 客厅看向入户区。原户型客厅较大，单侧面有窗采光，基于户型考虑，沙发采用居中摆放方式，尽可能保留自然采光入内；背后墙面定制亚克力鞋柜，补充玄关功能，方便出入户使用；背后为次卧，选用隐框门设计，墙面与门体一同选择定制微水泥，保持视觉的整体性

图10-35 鞋柜采用亚克力材质，搭配悬浮设计，减少视觉压迫，更显轻盈。柜体需预埋钢架，再搭配软膜灯光设计，将亚克力清透的特性发挥到极致，黑白亚克力交错，赋予鞋架更为"冷酷"的气质与视觉效果，满足实用性的同时，兼顾设计的艺术感

图10-36 客厅设计简约大气，白墙搭配600mm×1200mm浅灰色大尺寸的通铺水泥砖，沉稳内敛；晕染黑白花色地毯和极简玻璃茶几，利落干脆；柔软如棉花糖般的纯白布艺沙发，则为清简冷静的空间增添几分恰到好处的柔软；客厅与阳台之间无隔断，采光更好，视野更显开阔；充分利用空间，利用阳台两侧定制收纳柜及洗衣区，墙面形成视觉遮挡，环境更整洁

图10-37 电视背景墙采用墙柜设计，打破常规，上下留空让柜体犹如悬浮，更显轻盈，左右两侧以曲面过渡，互相呼应，打破方正呆板之感，增添视觉上的柔和与灵动，提前规划尺寸预留电视机位，底部打造超薄地台，抽屉设计增添杂物储藏容量，色调与水泥砖相近保持统一

图10-38 客厅电视墙到阳台之间具有墙体深度差以曲面过渡，弱化突兀感。于侧面墙体上开槽，定制嵌入式条形灯，提升空间质感，轻奢优雅却不显张扬

图10-33
图10-34

图10-35
图10-36

图10-37
图10-38

图10-39 将餐厅外挪至中位线，定制金属隔断作为玄关端景，餐桌与隔断一体定制，不锈钢的悬浮餐桌，超薄板材和悬空造型轻盈利落，不会过多侵占视线，保证了视野开阔，赋予了空间更多的通透性，有益于家人之间的交流与沟通

图10-40 餐厅吊平顶，藏起新风系统及空调管道等，侧面使用无边框加长出风口，让其与空间整体和谐统一，更显简约；悬吊不锈钢餐桌造型独特，简约不锈钢吊灯线条利落清爽，搭配中古藤编餐椅，黑与白交织，构造时尚用餐环境

图10-41 从客厅看向餐厅。将公卫墙体内推并横向扩展后，餐厨动线更加流畅，回字形路线让日常行动更为便利。洗手间门体采用隐形设计，门与墙面选用同材质涂料，保证公共区视野美观

图10-42 客餐厨开放式连通，赋予了家人之间更多的陪伴与亲密感：这边在厨房制作晚餐，那边在忙碌着给工作收尾，家人彼此之间说说话，不需多余的刻意。有家人的陪伴就足够幸福，平凡就是生活的意义

图10-43 打造开放式一体化餐厨空间，靠墙定制墙柜，容纳冰箱等大型厨房电器，让厨房空间更为简洁有序，柜面无边条无把手，极简造型降低收纳柜的存在感，实用且美观

图10-44 利用墙角空间增设一个小巧储物间，与柜面相同材质的双开隐形门，将储物间藏于无形，在极简的审美设计下实现大容量的收纳

图10-45 厨房与餐桌之间定制吧台，依托侧面墙体，从厨房操作台面延伸出来，补充了灶台操作空间，也能独立作为西厨区使用。午后闲暇在此，一壶咖啡，两块点心，轻松治愈工作带来的紧张与疲惫

图10-46 全屋无踢脚线。设计师忠实于业主喜好：隐形门、金属家具和配件、深灰水泥砖、水泥漆吊顶、定制高级灰柜面……于细节上更高追求品质，打造一个沉静且炫酷的深色空间

图10-39

图10-40

图10-41

图10-42

图10-43

图10-44

图10-45

图10-46

图10-47　洗手间至卧室的墙面拐角处，利用空间靠墙定制收纳柜，增加储物容量，纯白柜体上下左右四面留空，营造悬浮轻盈感，与水泥灰墙形成反差的纯白色，也赋予视觉上更丰富的层次感

图10-48　对卧室衣帽间和洗手间布局进行改造。衣帽间改为面向睡眠区，安装磨砂玻璃移门，既能遮挡视线保证私密性和美观性，也比常规实木柜面更为通透轻盈；侧面定制通高墙柜，形成入室走廊，充分利用空间增添收纳，玻璃柜面更为光亮，打破走道较为逼仄的沉闷感

图10-49　卧室延续整体设计风格，白墙简约大气，铺贴半墙木饰面，气质温润稳重，营造舒缓静谧的睡眠空间，内嵌隐藏灯带，见光不见灯，光线更为柔和均匀

图10-50　卧室看向入户视野。即使卧室门开着，也会被餐厅处隔断遮挡视野，家的层次感和私密性得以保障

图10-51　次卧布置简约利落，保留飘窗作为休闲区或者置物台，右侧靠墙定制衣柜，功能需求等齐全，方便客人留宿

图10-52　主卫拆墙改造，部分空间让渡给公共区打造收纳柜，增加储物容量。合理利用空间，洗手间做干湿分离，采用洗手池和马桶相对而立、淋浴区位于内侧的布局，采用全透明玻璃隔断，尽量保留采光，让空间明亮通风

图10-47
图10-48

图10-49
图10-50

图10-51
图10-52

项目3　一个人住的房子

项目坐标：上海市浦东
新区浦江名园
项目面积：145m²
项目户型：二室
项目造价：85万元
设计团队：赫设计

资源链接：
课件+项目施工图

本方案屋主一家三口分隔三地，先生与儿子均在国外，屋主为了照顾母亲选择留在国内，所以常年是一人居住。

房子是住了十几年的老房子，想换却没找到合适的，屋主也不想再去适应新的环境，所以决定将旧房新改，给自己换个"新家"。

在了解房屋情况之后，设计师协助屋主重新整理需求与思路，发现之前的空间格局比较传统，并不能实现空间利用率的最大化，所以建议屋主重新调整格局。

结合屋主实际居住情况，注重收纳需求，加之原本房屋的梁体、吊顶、背景墙的结构，最终选择了现代简约风格，在空间设计上以通透大气、居住舒适为主，让老房焕然一新（图10-53~图10-70）。

图10-53

图10-53　原始户型图

图10-54　改造后平面布置图
改造亮点：
（1）原户型无玄关，入户左手边靠墙打造满墙收纳柜，保证出入户的日常功能及公共空间的收纳；
（2）将一间次卧拆墙纳入客厅，客餐厅之间衔接更流畅，采光更为良好，公共空间更显通透明亮；
（3）客厅面扩大后，在近玄关一侧设开放式书房，增加独立办公空间的同时，保留空间的宽敞动线；
（4）原始餐厅面积较大，辟出一部分作为主卧衣帽间，不影响公共空间动线的同时，让主卧室变成了套间，增加主卧的功能及收纳空间，同时也扩大了卫生间的面积；
（5）书房、北阳台和厨房之间打通，打造开放式厨房，增设岛台，增加操作台面，同时作为隔断，阳台一侧作为家政区，功能区域独立且通透

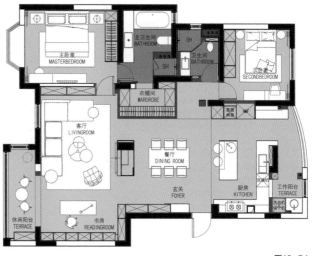

图10-54

图10-55　原户型无玄关，将左手边墙壁打造成玄关墙柜，预留出靠近门边的空间，以白色格栅与镜面装饰，既保留低调的设计感，同时镜面可以增加空间纵深感，还方便屋主出入户整理仪容。木质台面做抽屉设计，增加小物件收纳空间，方便出入户随手搁放杂物，同时通高柜体做留空处理，满足了空间强大的收纳功能，也具有细节上的设计灵巧质感

图10-56　将原次卧并入客厅，增加公共空间面积，客厅通透开阔，客厅和书房也由原本的平行关系处理成垂直关系，同时和餐厅之间的动线也更加顺畅，空间互动性增加，客厅的采光照射面也随之增大

图10-57　靠近主卧一侧的墙面打造墙柜，木饰面同木制吊顶一色，体现空间的完整性，同时增加视觉上的延展感。木饰面搭配间隔有序的线条，搭配隐形门设计，将主卧门掩藏其中，合上门后俨然一整面"木饰面墙"，将收纳与门体都隐藏起来，视觉上清爽，空间上大气

图10-58　客厅背后的南阳台作为休闲阳台，拆除与客厅之间的移门，空间互动性更强；落地玻璃封窗，透光清净，室内采光也更为良好；沙发背景墙体延长，以玻璃搭配端景，精致且通透；同时与顶面局部吊顶齐宽，延伸至另一侧的电视墙，视觉上更显完整端方，大气美观

图10-59　木质顶面延伸与墙壁木饰面相接，中间局部吊顶同样选择与背景墙统一材质，墙面的黑色线条延串联起空间，嵌入经典大气的黑框玻璃窗，不同材料之间融合碰撞，层次分明的同时保留视觉上的丰富感，空间更显通透美观。利用吊顶收纳藏起各类管道，加长空调送风口与墙面齐宽，保证视觉上的完整性，简洁大气

图10-60　将次卧打开并入客厅之后，改变客厅朝向，利用空间结构打造中轴线电视墙，利用顶面设计增加视觉纵深感，同时悬浮背景墙设计也更为凸显层次，底部嵌入式壁炉设计，既减少了背景墙隔断的视觉压抑感，也更显空间气质。背景墙侧面空间也利用起来，做壁龛设计，嵌入式开放柜可作为陈列柜，也可收纳日常杂物，功能丰富便利，且不占据多余空间，将设计与实用结合起来，满足屋主的生活需求

玄关　　　客厅

图10-55　图10-56

图10-57

图10-58　图10-59

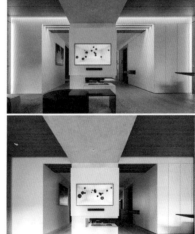

图10-60

书房

图10-61 客厅移动至原次卧位置后，书房也调换至原客厅空间，与休闲阳台相邻，采光更为通透，视野也更显开阔，工作阅读疲惫之余，远眺休息也更为舒畅。开放式布局与客厅之间无任何隔断，空间上更为舒适大气，动线也宽敞便利，视觉效果相比较原来，开阔了许多

图10-62 书房背景墙做满墙柜，两侧同吊顶留出一定空间，嵌入灯带，光影投射之间更显空间层次丰富，视觉效果明朗大气。屋主希望家里收纳空间充足，所以书房两侧墙面均做通高墙柜，增加储物空间，柜面同墙面原本材质保持一致，搭配嵌入式柜体、无收边条等设计手法，将收纳空间隐藏起来，既保证储物容量，也实现了肉眼上的简洁利落

图10-61
图10-62

餐厅

图10-63 客厅格局改动后，与餐厅之间动线通畅。依电视墙打造公共空间的洄游动线，灵活且通透。电视墙背面同样做嵌入式开放柜，用作餐厅收纳。餐桌居中而立，在餐厅同样形成小的回字形动线，让空间四通八达，行动之间灵活便利

图10-64 餐厅与厨房之间连通无界，增加空间互动性，以木地板与地砖划分功能区域，为保证空间简约质感，拼接处采用无收边条技术，细致拼接，做到无缝无收口，视觉上大气，更显高级质感

图10-65 黑色餐桌餐椅与白色背景墙形成视觉冲突，黑白配色经典简约，背景墙仅以一幅画作装饰，既修饰了白色墙面的单调效果，也并未打破空间的简洁质感。木质地板做旧花纹，增添空间温润气质，墙边与地面无踢脚线设计更显利落。两盏富有设计感的透明吊灯，既能在用餐时烘托氛围感，也不会增添空间视野的负担

图10-63
图10-64

图10-65

图10-66 厨房与餐厅之间同样连通无界，保留宽敞的行动空间，入户后空间视野开阔大气，两侧均有自然采光，室内采光也更为通透明亮。设岛台水吧，在厨房空间也形成回字形动线，行动更加灵便，岛台功能丰富，既可做水吧，也能是操作台，满足屋主所需的中西厨功能齐全的要求

北书房与厨房之间打通，做开放式厨房，L形台面延伸感更好，实用性更高，冰箱位置墙体打薄，让冰箱和高柜整齐感更好，美观大气。同时，与北阳台之间联系也更加亲密，将北阳台打造成工作阳台，留出了足够的家政空间，利用拐角空间安置收纳柜与洗烘机等，既不影响自然采光进入室内厨房，也满足洗衣家政等需求，美观实用

图10-67 主卧借用餐厅空间打造独立衣帽间之后，公共空间到洗手间及次卧的动线形成拐角走廊，以木质镂空隔断作为修饰，柔化岩板收纳柜的冷硬质感，地面安装线性感应灯带，既方便起夜使用，也营造空间氛围感，美观大气

图10-68 主卧风格延续简约大气的设计，兼顾实用性，衣柜于床头一侧打造成开放式收纳柜搭配搁板的造型，方便物件摆放与杂物收纳，补充床头柜的收纳功能，木饰面、PU线条、灯带设计一同构造出简约且不失层次感的背景墙。床头一盏设计感十足的吊灯，小巧通透的造型，十分适合起夜使用，温润光线在夜间也不会过于刺眼

厨房

图10-66

走廊

图10-67

卧室

图10-68

卫生间

图10-69 床尾空间留有余地，打造嵌入式梳妆台，下方空间做悬空柜体处理，预留出放置化妆凳的空间，既不浪费每一寸收纳空间，也考虑到不使用梳妆台时活动空间宽敞性的问题，设计兼顾了美观与实用性

图10-70 主卧将原隔墙打通，于墙角打造独立玻璃淋浴间，节省空间且有效实现干湿分离，同时能放置下浴缸，及超长洗手台，方便且实用

项目4　爱与灵魂的栖息地

项目坐标：上海市长宁区伦敦广场

项目面积：220m²

项目造价：200万元

项目户型：三室

设计团队：赫设计

📎 资源链接：
课件+项目施工图

Joey和Alan是一对90后恋人，始于一场恐龙课的爱情，辗转西雅图、纽约、中国香港数地，携手十年，最终这场爱情长跑圆满抵达婚姻殿堂，开始了他们的家庭新生活。

他们均从事于金融行业，工作繁忙，这让他们的日常生活总是被快节奏和高效率的工作塞满，于是关于两个人爱巢的设想，便是对于慢节奏生活的渴望，他们希望：在步履匆匆的人生里，家是爱与灵魂的栖息地。

感动于业主的爱情故事，设计师决定以爱为名，打造爱与灵魂的盛放之地。

空间重塑是关键，打破原有空间的无序动线和层层阻隔，通过餐厨一体化布置，同时与客厅关联，增强区域互动，空间更显开阔明朗，也便于夫妻之间的日常互动。值得一提的是门厅的设计，设计师将仪式感倾注其中，以光影和线条，打造层次分明、视觉感独特的玄关过道，让每一次归家，都穿过光影门廊，将繁琐疲惫留在门外，携一身轻盈惬意投入家的柔软空间。

在风格上以简约为主，设计师于细节处融入设计巧思，用材质自带的色调和肌理赋予空间质感，并以奶油色和自然光为空间铺上温柔底色，尽显浪漫爱意（图10-71~图10-89）。

图10-71　原始户型图

缺点：

（1）因户型特殊，空间划分不清晰，动线不合理，布局上难以兼顾实用与舒适；

（2）采光较差，空间利用率低，不符合业主夫妻的生活需求。

图10-72　平面布置图

户型改造设计说明：

（1）将空间重新布局后，设计了两条主动线：①门厅—客厅—餐厅—厨房；②门厅—衣帽间—工作间—卧室。业主无论或是休息，或是家务劳作，或者友人招待，动线关系都一目了然，彼此连通、便捷流畅。

（2）将室内非承重墙体全部拆除，拓宽视野，让公共空间完全开发，采光和通透感都得到了质的提升：①打造开放式餐厨空间，安装折叠式玻璃门，餐厅与厨房的独立与连通变得更为灵活，空间开阔，互动性更好；②重塑主卧和书房，通过第二条动线，让工作区与睡眠区的联系更为亲密，形成一个"大套房"；③将主卫和衣帽间调换位置，利用原户型的"尖角"拓展衣帽间收纳，并打造四分离卫生间。

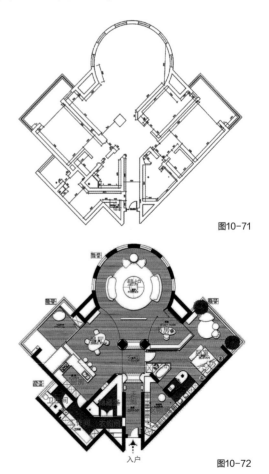

图10-71

入户

图10-72

玄关

图10-73 门厅环绕磁吸轨道灯，改善走廊采光。灯带元素与门框上层叠的线条配合，引导入户视线，增加时空氛围烘托，入户变得更有仪式感。艺术摆件置于走廊，充满趣味的造型让人心情都放松下来。雅白与柠檬黄的配色既考虑到空间色调的和谐，又有亮色点缀，让走廊不至于单调无趣

图10-74 空间重新划分，卧室门规划到走廊，门体做加高隐形处理，与走廊墙壁融为一体，优化动线，视觉上也整齐清爽，不显突兀。一块不规则镜子，利用镜面反射原理，在视觉上扩大空间。从镜中观察室内，各区域分割趋于柔性，空间重叠，意趣丛生

客厅

图10-75

图10-76

图10-77

图10-75 从玄关步入客厅，270°绝佳视野的圆形客厅映入眼帘，6扇窗户环绕布置，为客厅提供更为丰富的自然光线。圆形围合式的布局，增加家人在空间中的亲密程度。不同规格形态的几张沙发打破空间序列，一盏极简线条落地灯，俯身照亮沙发一角。搭配可移动的高脚小几，闲坐时看书、喝茶，随意又自在。除了基于实用考虑布置的家具，客厅留有大面积空白区域，如此设计，也是考虑到屋主夫妻未来有宝宝之后，通畅的空间更利于宝宝爬行玩耍。上方沿空间轮廓做一圈轨道灯，圆形轨道与客厅形态呼应，灯光也贴合空间布局，当光线聚焦于茶几，空间的圆融与大气一览无遗。客厅通铺人字纹木地板，原木材质自带温润质感，奠定空间温馨雅致基调。摒弃电视，几张沙发围合分布，暗含屋主对温馨家庭氛围的期待

图10-76 原户型布局过于零碎，因此将非承重墙体全部拆除，公共空间完全打通，自光影入户门厅行走到客厅，豁然开朗，心旷神怡。厅与餐厨空间彼此连通无界，通铺地板让家的完整性得以体现，无论是在客厅休憩、在餐厅就餐，或是在厨房下厨，家人之间的亲密互动都可以实现

图10-77 客厅中沙发和茶几的选配

餐厅

图10-78

图10-79

厨房

图10-80

图10-81

图10-82

图10-78 打通空间后重新规划，餐厅、厨房、客厅形成关联，开放式的布局尽显居室明亮通透，也让日常动线更为便利明晰。偶有客人来访，圆形餐桌也能满足一群人围坐聚餐的需求，一侧靠墙布置斗柜，并在局部做开放格设计，增加柜体功能

图10-79 原本的休闲阳台将墙体外推，预留一室，作为规划内但不知何时才会到来的宝宝的房间，双开玻璃门，将室外光线引入室内，空间更为明亮通透

图10-80 设计中岛分割餐厨，以功能划分区域，同时不会阻隔视线。烹饪不再是一个人孤独地与锅碗瓢盆奋战。中岛增加空间功能，可做饭后闲饮小酌处，也能做西厨，做一些简单烘焙。玻璃折叠门让厨房随时完成变身，煎炒烹炸时关上折叠门，油烟气味隔绝于厨房。平时打开，餐厨化身为一个整体，空间更显统一。厨房与洗衣机的动线上设计一扇隐形门，优化动线的同时不忘考虑视觉美观

图10-81 中岛自然延伸至侧墙，墙面上嵌入隔板，轻松打造分层置物格，置物上墙，空间更具层次感。台面下方格栅与大理石材质两相对照，一冷一暖，餐厅有了刚柔并济的氛围

图10-82 岛台对侧墙体凿开，打造嵌入式展览柜，窄框玻璃门与恰到好处的射灯点缀，让收纳柜变身艺术品

卧室

图10-83

图10-84

图10-85

图10-86

图10-83　卧室内套卫生间、衣帽间，还有一个宽阔阳台，套房式的设计，为屋主打造功能更加多样的私密空间，既能闲坐看书，也能沐浴放松。考虑到过度的灯光会造成视觉疲惫，卧室照明多用光线更为温和的灯带和柔光床头灯。细节的优化让空间更加人性化，适睡空间，让屋主一天的疲惫在休憩酣眠之后尽皆消散

图10-84　卫生间与原衣帽间进行位置调换，并以玻璃做空间隔断。一夜好梦之后，在阳光沐浴下起床洗漱，开启幸福一天

图10-85　隔断的冷硬玻璃与柔和弧形线条形成奇妙矛盾的美感，宽幅落地窗引入充足自然光，为卧室镀上一层柔和滤镜。光线穿过玻璃，洒入卫生间，一扫卫生间采光不足造成的阴暗逼仄。干湿分离的卫生间设计满足夫妻二人同时使用的需求，干区台盆下方布置储物柜，增加空间收纳功能，下方挑空设计，方便打扫

图10-86　木格栅、浴缸、落地窗。浴缸区与卧室以格栅屏风分割，阳台引入光线穿过屏风间隙，让泡澡时多了几分意趣，生活更有仪式感

图10-87　阳台处布置沙发和高脚小几，静谧夜晚，在沙发上或卧或坐，都市繁华一览无余。奶油色的选色契合空间温柔简约基调，干净配色，让卧室展现出毫不费力的高级感

图10-87

书房

图10-88　临窗一具沙发、两本闲书、一架音箱，这便是Joey繁忙的工作日偷闲的绝佳场所，疲惫一天的身体在泡澡后舒缓，而紧绷的神经则在音乐和书籍的抚慰下，放松下来，惬意入眠

图10-89　因为工作原因，书房是男主人的常驻地。对于书房，男主人要求保持空间独立性的同时不要隔断与家的联系——于是引入玻璃元素来分割空间，形成隔而不断，接而有连之感；同时两处开门，可以由客厅入内，也可从卧室穿过阳台入内，连接公区和私区。男主人于书房埋头工作，抬眼就可望见妻子身影，爱与幸福皆由空间赋予

项目5　典雅简欧

项目坐标：上海市普陀区尚城国际苑

项目面积：140m²

项目造价：84万元

项目户型：三室

设计团队：赫设计

✎ 资源链接：
　课件+项目施工图

喜欢欧式的意境，也同时放不下简约空间的松弛感——这是屋主的喜好和困扰。解决方案是采用现代欧式风格，利用法式经典元素石膏线条作为主要修饰空间的工具，同时选择无主灯设计，来中和传统欧式的繁复感。

手枪形的户型极其罕见，也激发出面对挑战的兴奋和征服的欲望，通过设计因势利导，优化布局，使空间的适用性和审美性得到极致的提升（图10-90～图10-106）。

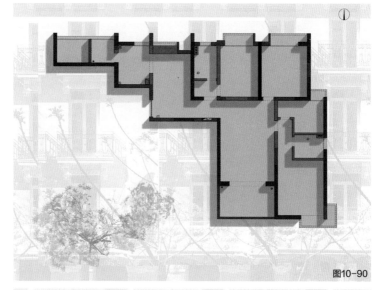

图10-90

图10-90　原始户型和墙体改造图

图10-91　平面布置图

改造思路：①入户即餐厨，将厨房打开做开放式布局，餐厨一体，操作空间宽敞且入户视野开阔；②改变书房布局，定制整面通高墙柜，增加储物量，面向客厅一侧做双开门，书房与客厅两采光连接融合，空间联系也更亲密，使公区更有敞阔感；③改造主卫做三分离设计，干区选择亚克力作为隔断，将其融入主卧空间，让卧室内部视野延伸感加强

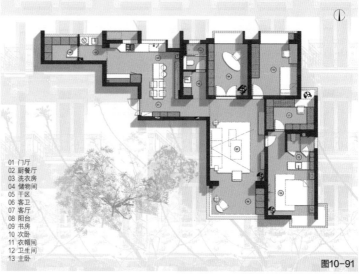

01　门厅
02　厨餐厅
03　洗衣房
04　储物间
05　干区
06　客卫
07　客厅
08　阳台
09　书房
10　次卧
11　衣帽间
12　卫生间
13　主卧

图10-91

客厅

图10-92　空间底色纯粹，原始的纯白带给视觉与心灵上的放空感，结合石膏线条及壁炉等元素，打造一个视觉体验感丰富但不显繁杂的简欧风格居所。为保留层高以增加通透性，客厅区域选择不做吊顶，仅仅于壁炉墙边缘局部吊顶藏下通风管道等，沙发墙一侧稍作修饰，与对面形成呼应，采用当下流行的无主灯设计，以呈现空间整体上的敞阔与整洁

图10-93　沙发背景墙，石膏线条搭配灯带设计，简约雅致，呈现极简视感下的灵动

图10-94　结合需求打破常规，客厅设计"去电视化"，选择安装成品壁炉，壁炉设计则采用卡帕建筑手法，利用体块重叠增加延展性，视觉层面更加丰富；壁炉安装玻璃封壁，避免小朋友误触；一幅《巴黎歌剧院》复古丝巾画，装饰空间，与壁炉相合，空间气质优雅高级；背景墙同样以石膏线条装饰，轮廓从客厅延伸到阳台垭口侧面，利用线条进行串联，修饰墙体转角的突兀感，增加整体性；踢脚线采用纯白实木材质，与背景墙及壁炉融合一体，与石膏线条保留恰当的尺寸距离，将其囊括至装饰线条的视感内，美观简洁；用小推车及边几取代传统固定茶几，随用随推，使用更方便

图10-95　将厨房与餐厅之间隔墙拆除，打造餐厨一体化空间，改善手枪型户型的空间互动性及通透感；橱柜做一字形布局，但餐厅侧面墙做餐边柜，增加收纳及操作台空间，补充厨房功能，让日常使用便利性及灵活度得以提升；厨房工作台面、背景墙、地砖选择相同纹样的大理石，同一元素的重复使用，在丰富空间层次的同时也能保持视感的统一，空间干净整洁；侧墙安装挂杆，不侵占视野及采光的前提下，可用以收纳，可悬挂杂物，减少台面储物压力

图10-96　餐厅定制的岛台与餐桌一体化，大大增加可用台面，屋主日常用餐或待客聚餐等不同需求均能满足，实木餐桌与大理石岛台面结合，冷暖平衡，打造纯净而不失温度的用餐氛围

图10-92

图10-93

图10-94

厨房与餐厅

图10-95

图10-96

图10-97　餐边柜上方定制不锈钢搁板，以线条视感切割背景墙，呈现丰富和平衡的构图，搁板也兼具展示及置物功能

图10-98　于入户右手边墙面定制通高收纳柜，上下留空并安装感应灯带，方便日常使用。中岛餐台上方安装一字形吊灯，为餐厅增添几分氛围感

图10-97
图10-98

过道

图10-99

书房

图10-100

图10-99　因户型原因，入户第一眼即见过道和尽头墙面，在法式线条之上，选择以柠檬黄饰面板贯穿铺贴，形成色彩碰撞及视觉冲突感，也为空间增添一抹亮色，让入户的第一眼明丽舒朗

图10-100　原书房开门与客卫共用走廊，在采光和通透性上都较差，也不便于室内收纳柜的配置设计。设计改变门体朝向并扩大门廊，双开门布局增加书房与外界的互动感，采光大大增加，视觉上更显开阔大气。在背景墙定制嵌入式书柜，做全开放式布局，规整有序的开放格既是书架也是展示区，用以展览屋主喜好的藏品，为办公区增添几分书香韵味及内敛的奢雅质感

图10-101　男屋主对书房要求较高，需要舒适宽敞的办公空间，以及丰富的储物空间。不锈钢包边飘窗、黑色百叶帘、黑橡木书桌……用深色元素作点缀，结合纯白底色构筑一个理性有序的空间，契合屋主所需的办公氛围

图10-101

卧室

图10-102 主卧风格遵循整体的简约欧式气质，白色墙裙呈现简单却雅致的空间质感，脏粉色丝绒靠背床头轻奢优雅，触感绵软，给予屋主在最私密的睡眠空间舒缓放松的享受。用葫芦造型的小几代替床头柜，造型别致可爱，满足基础床头置物需求，避免实木柜体带来的笨重感，营造精致优雅的空间氛围

图10-103 卧室延续客厅无主灯设计，融入温暖的床品和适宜的软装摆件搭配，营造卧室的亲和柔软之感

图10-102　　　　　　图10-103

卫浴

图10-104 将原主卫的墙体拆除，空间打开与主卧互通，采光明亮，视感开敞；干区外移独立于睡眠区与洗手间之间作为隔断，形成视觉遮挡；洗手池上方采用亚克力隔断墙，不影响采光的同时，可以有效阻挡水花；悬浮台盆增加空间的通透性和呼吸感，侧面靠墙定制收纳柜，满足置物需求；淋浴与马桶区采用全透明玻璃墙，也有效引入光线，让空间视感舒适明朗

图10-104

儿童房

图10-105 从卧室门看向内部，大门正对洗手间侧面墙，墙面同样装饰石膏线条及角花，再以装饰画和绿植稍作修饰，视感层次清晰色彩丰富，作为卧室的"门面"，大气美观

图10-106 儿童房的设计更侧重于小朋友喜爱的风格，飘窗设计成一座小房子，内壁铺贴木饰面板，于内侧造壁龛，增加储物容量，将原本平平无奇的飘窗变身为小朋友的"秘密基地"，可以玩耍也可以藏起小小的秘密。背景墙铺贴丝绒软包护墙板，避免小朋友睡觉磕碰或者直接触墙，给予其成长中更为周到的呵护

图10-105　　　　　　图10-106

项目6　雕琢奢雅

项目坐标： 上海市虹口区瑞虹新城

项目面积： 245m²

项目户型： 四室

项目造价： 120万元

设计团队： 赫设计

🔗 资源链接：
课件+项目施工图

"设计的目的即创造满足人精神生活与物质条件所需的室内环境。"设计师便是将真实生活与设计理念相融合，同时落地实现的操作者。

本案屋主对于家的需求有着独到的认知，崇尚精简、高效、高品质，将"对自我的严格要求"延续到"对家优质居住理念"之中。

屋主喜好通透、安静的素雅空间，认为细节呈现是影响生活品质的重要因素，对于空间和材料等有较为具体和细致的要求，完美主义是本案设计理念的基调。

结合屋主生活习惯，选用极具包容性的现代风格，配置现代智能家居设备，选配高品质的装饰材料和家具，提供充足的收纳空间，打造一个有质感并且不易过时的家，将功能、艺术和科技相互融合，打造"奢雅、舒适、经典恒久的居住空间"（图10-107～图10-123）。

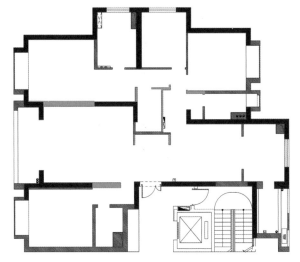

图10-107

图10-107　原始户型和墙体改造图

图10-108　平面布置图
改造亮点：①原户型无玄关，利用正对入户门墙体打造玄关柜，满足日常出入需求；②拆除部分客厅与主卧之间墙体，打造嵌入式展示柜，作为沙发背景墙设计；③衣帽间墙体外扩，增设收纳柜，增加储物空间。

图10-108

玄关　　客厅

图10-109

图10-110

图10-109　原户型无玄关，利用正对入户门的凸出墙体打造玄关柜，悬空造型搭配格栅背景板设计，结合精心搭配的灯光设计方案，打造出实用性与视觉效果兼得的玄关端景，入户视野大气优雅，契合屋主审美及气质

图10-110　客厅布置以简洁大气的现代风为主，平面吊顶搭配无主灯设计，视觉上保证层高，地面选用鱼骨拼木地板取代原本的瓷砖，柔化因简洁而稍显冷淡的空间气质；因为要保留原本的地暖装置，在不破坏地暖层的情况下全屋由地砖改换成木地板，施工上需要更加细致专业，以达到最佳效果；阳台与客厅之间连通，舍弃传统移门，木地板通铺连接两个区域，空间联系更为紧密；落地窗引景入室，保证公共空间有充足的自然采光，满足屋主对"家要明亮通透"的要求

图10-111

图10-111　客厅看向餐厅视角。户型结构所限，客厅侧面由衣帽间墙体形成视觉遮挡，背景墙与侧面墙选用同材质及色系涂料，折面过渡更为自然，同时也增加了空间完整性，减少了视觉上的压迫感

图10-112　电视背景墙布置以木饰面为底色，同种材质花色的材料搭配隐形门设计，将次卧室的门隐藏其中，视觉效果整洁干净。背景墙正面以木格栅和白色收纳柜搭配设计，层次效果分明的同时，也保证了客厅空间的储物空间，兼具美观及实用性

图10-112

图10-113 用沙发背景墙拆除部分的墙体打造嵌入式展示柜，打破背景墙同一材质的单调感，同时保留了客厅纵深距离，使空间更显开阔与通透；精心设计的灯带造型渲染空间气质，稳重中不失奢雅；沙发及沙发椅、晕染花色地毯，均选用灰色调，呈现冷静沉稳的空间氛围，但不同色度交织，勾勒出富有层次感的视觉效果。一盏设计感十足的透明落地灯，为空间增添几分艺术气质

图10-113

餐厅

图10-114 餐厅与厨房之间安装深色玻璃移门，既保留了采光，也保证了一定的空间独立性，同时也能隔离油烟。餐厨之间连接灵活，更符合屋主家人的下厨习惯

图10-114

图10-115 于餐厅一侧定制餐边橱柜，上设水吧，墙壁上设隔板用以收纳及展示，以实现小西厨的功能；中西厨功能各自独立，使用更为便利实用；餐厅水吧台的设计较为复杂，在不破坏原本餐厅地暖的前提下，增加上下水管道，选用墙排以达到外观上规整美观的效果，橱柜下方留空处理，更方便日常打扫

图10-116 餐桌及餐椅兼具实用性与美感，大理石桌面、皮质软包靠背等，不同材质的碰撞为用餐环境营造精致优雅的高级质感

图10-115

图10-116

书房

图10-117　书房位于主卧右侧，作为办公场所，私密性得以保障。值得介绍的是，背景墙安装书架，书架极富设计感，以铁艺与木质共同构造，平衡冷暖调性，设计上也具有平衡美感，赋予藏书架精致的艺术性及趣味感，体现屋主细致而优雅的生活态度

图10-117

卧室

图10-118　屋主夫妻有在卧室看新闻的习惯，所以主卧提前预埋电线管道，轻盈超薄的壁挂电视并不占据空间，搭配高级灰调硬包材质，空间气质硬朗清爽；下方电视柜与梳妆台设计一体，既节省空间，也满足使用需求；层叠式的设计，加上材质跳跃，视觉效果上也干练大气，符合屋主对生活品质的要求

图10-119　卧室空间遵循简洁大气的设计风格，与电视背景墙一致的灰色调硬包营造沉静安稳的空间气质，木格栅拼接丰富层次、提升格调，孔雀蓝丝绒床品为空间点缀奢雅气质

图10-120　衣帽间依据户型结构微调，外扩墙体增设收纳空间，选用智能感应灯光设备，人步入其中便会自动亮灯，线性灯带分割空间，满足不同空间及多方位照明需求，同时也作为装饰，弱化衣帽间较为逼仄的视觉效果，营造时尚优雅的氛围感

图10-121　衣帽间移门选用深色玻璃材质，上轨道移门更为轻简便利，地面无需安装轨道，视觉效果更为完整，玻璃材质清透开阔，深色玻璃同时能起到一定的遮掩效果，保障隐私，更显美观

图10-118

图10-119

图10-120

图10-121

儿童房　　　　　　　多功能室

图10-122　次卧室是为屋主的小
女儿布置的，设计上更为轻松有
趣，背景墙选用有纹理感的壁纸，
视觉上层次更丰富，搭配童趣感满
满的气球吊灯，浅粉色布艺床头温
和雅致，为空间增添几分梦幻少女
气息

图10-123　多功能室主要作为屋
主女儿练琴及学习的地方，辅以待
客留宿的功能。因此布局上以明媚
的粉色与墨绿色丝绒沙发床做搭
配，色调分明的碰撞让空间气质更
为活泼，减少学习氛围的沉闷感

图10-122

图10-123

本章总结

通过具体项目案例的设计解读，进一步提升居住空间设计的知识理解和技能掌握；同时，"设计解析"也是对设计思路的复盘、设计实践的总结和设计成果的展现，是设计表达能力（包括效果图表现、设计文案撰写等）的学习过程。另外，本章所用案例皆来自上海赫舍空间设计有限公司（校企合作单位）近年来完成的真实项目，目的使同学及时了解居住空间设计的发展动向和潮流趋势，保证学习内容的前沿性。

课后作业

（1）完成课程大作业的最终全套效果图。

（2）完成课程大作业的项目施工图。

作业说明：①以上作业视具体情况可安排课堂训练指导和课后作业结合的形式完成；②以上作业的部分内容在课程的其他章节已经涉及，这也说明设计不是一蹴而就的，设计是一个不断修改、完善和提高的过程。

思考拓展

如何成为一名优秀的室内设计师。

资源链接：
知吾-锦绣前城新中式
盛世天地别墅设计

课程资源链接

课件、拓展资料

参考文献

[1] 程宏，樊灵燕，刘琪. 室内设计原理（第二版）[M]. 北京：中国电力出版社，2016.

[2] 王新福. 居住空间设计（第二版）[M]. 重庆：西南大学出版社，2022.

[3] 罗晓良，潘春亮，高华锋. 居住空间虚拟设计[M]. 北京：化学工业出版社，2019.

[4] 王恒. 理想的家——住宅精细化设计[M]. 南京：江苏凤凰科学技术出版社，2022.

[5] 理想宅. 室内设计实用教程——住宅空间设计[M]. 北京：中国电力出版社，2020.

[6] 高钰，孙耀龙，李新添. 居住空间室内设计速查手册[M]. 北京：机械工业出版社，2009.

[7] 周玉凤. 居住空间设计程序与应用[M]. 南昌：江西人民出版社，2016.

[8] 赵斌，俞梅芳. 居住空间设计与表达[M]. 北京：中国纺织出版社，2021.

[9] 田婧，黄晓瑜. 室内设计与制图[M]. 北京：清华大学出版社，2017.

[10] 叶铮. 室内建筑工程制图（修订版）[M]. 北京：中国建筑工业出版社，2018.

[11] 房屋建筑制图统一标准（GB/T 50001—2017）. 北京：中国建筑工业出版社，2018.

[12] 房屋建筑室内装饰装修制图标准（JGJ/T 244—2011）. 北京：中国建筑工业出版社，2011.

[13] 住宅设计规范（GB 50096—2011）. 北京：中国建筑工业出版社，2011.